LOCUS

LOCUS

LOCUS

LOCUS

mark

這個系列標記的是一些人、一些事件與活動。

mark 39 臺灣饅頭美國兵
作者：林道明 (T. C. Locke)
責任編輯：陳郁馨　美術編輯：謝富智
(內頁照片由林道明提供)
(本書原稿以英文寫成，由吳兵譯成中文)
法律顧問：全理法律事務所董安丹律師
出版者：大塊文化出版股份有限公司
台北市 105 南京東路四段 25 號 11 樓
www.locuspublishing.com
讀者服務專線：0800-006689
TEL：(02) 87123898　FAX：(02) 87123897
郵撥帳號：18955675
戶名：大塊文化出版股份有限公司

總經銷：大和書報圖書股份有限公司
地址：台北縣三重市大智路 139 號
TEL：(02) 29818089 (代表號)
FAX：(02) 29883028　29813049
排版：天翼電腦排版印刷有限公司
製版：源耕印刷事業有限公司
初版一刷：2003 年 4 月
初版 2 刷：2003 年 5 月

定價：新台幣 230 元
Printed in Taiwan

臺灣饅頭美國兵

T. Christopher Locke 林道明◎著

謹以本書紀念 Dr. Harold C. Hill
我在美國華李大學的中文老師

目錄

自序

我退伍後沒多久就動筆寫這本書，因爲實在有太多人想知道究竟。聽到我說我當過兵，很多台灣人都先是一臉驚訝，大呼不可能，然後會想知道我受到什麼樣的待遇。至於外國朋友好奇的則是：當兵到底是怎麼一回事。他們會有這種反應，理由很簡單：大多數的台灣人——台灣男人——太清楚當兵這回事，所以他們很好奇，像我這樣一個一看就知道是外國人的人，到底如何在部隊這種無法按照個人意思行事的苛刻環境下生存。而在台灣的外國人對於軍人、軍隊的印象，不過就是路過某個戒備森嚴的軍營大門，偶爾看到相關的新聞報導，以及聽到台灣朋友所敍述的當兵故事。

這本書，乃是出自一個外國人的眼光所講述的當兵經歷。因爲，我帶著兵單入伍的時候，不但帶著我與別人不一樣的皮膚和眼珠顏色，也帶著我在美國成長過程中所形成的世界觀。

我當初並不打算揭發軍事制度的弊端；我後來寫這本書，目的也不在此。軍事層面的變化，畢竟是台灣在政治社會局勢的變動當中的最後一波。

我寫這本書，是希望描寫一個原本不屬台灣社會的外來者，如何不僅僅只是冷眼旁觀，卻是以「一份子」的身分參與其中，經歷了「當兵」這件本來專屬台灣人的經驗。況且，我當兵的時期，還無所謂旁觀者這回事，而隨著台灣日益走向國際化，社會裡的種族組成日益多元，像我當兵的這種經驗，想必會愈來愈顯得特殊。

前奏

民國八十四年十二月的某一天早上，天氣晴朗，我在新竹下火車，車站附近掛著巨幅海報，上面寫著：服兵役是國民應盡的光榮義務。

我徒步走到戶政事務所去抽籤。那裡的公務人員帶我上二樓的一個房間，房間裡擺了五十張椅子，全都面向前方，房間前面有張桌子，桌子後面的牆上掛著典禮用的紅布條。桌上擺了個空的棕色玻璃樹脂箱。

五十張椅子上漸漸坐滿年輕的男生。有的人是家長隨行，有的甚至全家出動，有的則是和朋友一起來，至於其他人則是和我一樣，只有自己一個人過來。

有兩個年長的男人，穿著西裝，顯然是政府官員。他們看起來比在場的其他人都來得開心，兩人走進房間，在桌子後方坐了下來。其中一位開始解釋抽籤的方式，爲抽籤揭開序幕。棕色的籤箱上有個巴掌大的洞。兩位先生手裡拿著像包裹的東西，依序拆開，將裡面數百張小紙條，倒進透明的籤箱裡。

兩位先生開始唱名。

唸到名字的人起身，走到籤箱前面，長官面帶微笑，向年輕人確定籤箱沒有動過手腳；接著，年輕人轉身背對籤箱，把手伸進籤箱裡，抽出一張小紙條，讀著籤上的字，表情沮喪（除非籤上寫的是「空軍」，這時候，抽籤的人就會朝著我們冷笑）。之後，年輕人將籤條交還給長官，長官爲了大家著想，會對著所有人大聲唸出籤上的軍種。想想，只不過抽出一張平白無奇的小紙條，或許陸軍、海軍、空軍、或是海陸（海軍陸戰隊），就能在瞬間決定一個人的未來，那種感覺還眞是有趣。

只要有人抽到海陸，其他人抽到海陸的機會就少了一分，如釋重負的聲音四起，偶爾甚至還有人鼓掌歡呼。這時候，長官笑得更燦爛了，一邊望著未來的海軍陸戰隊員，搖搖晃晃走回座位，一邊直呼：「很好、很好。」

終於，他們喊了我的中文名字：「林道明！」

我走到前面去，面對長官的微笑和我心裡不斷升高的焦慮，試著在煎熬當中保持冷靜。總算來了，我心想，這一支籤將會決定我未來兩年的生活。

「你看，箱子沒有問題，」其中一位長官跟我說。

我點點頭，接著，轉身伸手抓了一張小紙條，全心全意祈禱上面寫的是「空軍」。

我把籤條交給長官。

「陸軍！」長官跟大家宣布，在座的人聽到這個消息都不怎麼起勁。

我回到座位，嘆了口氣，心裡想：我就知道：，陸軍。

1 服兵役是國民應盡的義務

大學畢業、工作個幾年之後，我在一九九四年初正式成爲「中華民國在台灣」的公民。移民的過程並不容易。當時，我大學同學的家人已經收養了我，成爲他們家中的一份子，但是，要拿到中華民國的身分證，不但要宣布放棄美國公民的資格，還得先在香港待上六個月，當個無國籍浪人，等待繁複的公文作業。

不過，我覺得，這一切都是值得的。我第一次來台灣的時候，才一下飛機，就知道這是個非常好玩的地方。對我來說，台灣是一塊讓我覺得自在而又迷人的土地。不管去度假或洽公，只要一離開台灣，沒多久我就會非常想念這裡。我對台灣備感親近，當然不是因爲這裡的城市很美，或是公共建設非常便捷。恰恰相反，我喜歡台灣，就是因爲台灣不像新加坡或日本，那兒什麼都有，而且，跟台灣比起來，簡直像醫院一樣乾淨整潔，感覺很不對勁。

光憑上面那點，並不足以讓我放棄世界上大部分人夢寐以求的美國藍皮護照。我覺得，生活在台灣這種混亂的地方，實在是很刺激的經驗。但是，除此之外，我還有種命中注定的感覺。說「命中注定」或許言過其實，不過，中文裡說的「緣分」，也就是一種聯繫著地方或人群的無形「引力」，比較接近我想表達的感覺。我不是說我討厭美國，而是在世界上，只有台灣這個地方讓我有「回家」的感覺。

於是，我決定留下來。

住在台灣，一方面出於實際的考量，但另一方面也是基於我對這座島嶼和島上人民的感情。台灣身爲新興的民主國家，面對彼岸強大敵手的威脅，其實有種質樸的尊嚴。

□

雖然我已經成爲中華民國公民，不過我的朋友和同事都認爲，我應該不用當兵，因爲我畢竟不是土生土長的台灣人。不過，當兵這件事是當時我和我身旁的人聊天的主題。

在台灣，大部分文件都沒有「種族」這一欄；就算有，通常也只是「祖籍」或是「出生省份」之類的欄位。一般都假設，在台灣，每一個中華民國公民都是中國人，不然就是台灣的原住民。除了出生地之外，沒有一項資料或紀錄顯示我是白種人。

在美國，要當兵根本不需要是美國公民，只要有綠卡就行了。我有個朋友認識一位中年的加拿大人，他在美國工作的時候就當過兵。而在英國，甚至不准部分公民志願從軍（必須視他們在哪兒出生，或在哪裡歸化公民而定）。移民英國的台灣人，可能就不能在英國當兵。

對於當兵這件事，我那時在心裡盤算，如果眞的要我當兵，我就去當。我想，那是因爲我其實不覺得自己一定得去當兵，再怎麼說我畢竟是白人。我實在很難想像，部隊裡「萬黃叢中一點白」會是什麼狀況；別人應該也這麼覺得。

一年過去了，兵役課那邊一點兒消息也沒有。

不用當兵，我應該覺得很高興才對，但不知道怎麼回事，我並不開心。畢竟，我已經決定要住在台灣，而既然當兵是每個台灣男生的人生必經之路，我也應該不例外才對。雖然沒有人會公開承認說他眞的很想當兵，因爲那樣不夠酷，然而，我心底其實非常羨慕那些當過兵的人。尤其當我聽過一票台灣男生爭相吹噓，比誰在部隊裡頭過得最慘，我就覺得，他們當中至少有人非常懷念軍旅生活。

「別搞錯了，我可不想再當一次兵，」很多人都這麼說：「不過，我學到很多，我一點也不後悔。」

我心裡其實有點想去當兵，雖然我知道假如眞的當了兵，我一定會痛恨軍旅生活。我從小就不喜歡聽人家的命令做事。我跟爸媽和學校的老師都處不來。我甚至因爲跟小隊長起衝突，一氣之下，退出童子軍團。後來在高中，又因爲槓上指揮，退出了學校的樂隊。我記得，我哥哥當初爲了加入德州A&M大學的學生軍事訓練，竟然把他的及肩長髮給剪了，我大吃一驚。後來，他成爲美國海軍軍官。我覺得自己不可能像他那樣；我覺得我比較有藝術家的傾向，喜歡探索新語言、新文化，而不是拿著槍到處跑，處處聽人指揮。

就是因爲我不認爲自己做得到，當兵這件事才會這麼吸引我。我把當兵想成擺脫自己的一條出路，讓我可以藉此擺脫自己性個當中我想去除的那部分，讓自己更強悍、更有活力。我去當兵這件事，看來可能性不高，而且超過我的能力範圍，反而因此變得更有吸引力。

在台灣，身爲外國人——我的意思是，就血統種族而言不是中國人，常常會被人指指點點，甚至遭人訕笑，因爲你會讓他們覺得緊張或好奇。就連拿來稱呼外國人的字眼，比如說「老外」或「外國人」，都帶有「外人」的意思。台灣話叫外國人「阿多仔」，意思是「大鼻子」。這些字眼全都顯示出人們急著用簡單的特徵把外國人歸成一類。

但是，我深深覺得，自己一定可以找到方法，跨越這道無形的障礙，一定有辦法，超越外國人的皮相，用「外人」做不到的方式，跟台灣的人生活在一起。

我所從事的攝影工作，讓我多少能夠享受到這樣的生活。那感覺就像躲在布幔後面，偷看人家演戲，偷看演員說些什麼，有什麼感覺，雖然台下沒有觀眾。當然，每次當我這麼做的時候，心中總會出現一股衝動，誘惑我上台。

這戲一看就看了兩年，我越來越想加入劇團，成爲團員，而不只是看戲的。

但我找不到任何跡象顯示我必須當兵。所以，我繼續過日子，白天工作，晚上跟朋友出去，或是在我台北市區所租的雅房裡上網。我想，兵役課一定是把我給略過了。

直到有一天，我收到一封信，看起來像是公函。棕色信封裡是兵役課的通知，要我去新竹兵役課報到，因爲我的戶籍所在地是新竹（我沒想過要把戶籍遷到台北，因爲手續實在太痲煩了）。我得去新竹抽籤，決定服役的軍種。

我盯著那份通知，上頭白紙黑字寫得清清楚楚，我必須入伍服役，爲期多長。信封上的戳記是新竹兵役課，清清楚楚。

換句話說，他們的意思就是要我立刻放下手邊事務，暫停我的生活、揮別工作與朋友，離開台北，放下一切，在未來兩年，全心全意當個大頭兵。

□

這眞是個天大的意外。面對這個新消息，我開始懷疑自己到底有沒有能力過軍旅生活。

我的國語已經說得很流利，台灣話也可以說上幾句，然而，目前的環境並沒有偏袒我，也不允許我犯下任何錯誤。何況當時我已經超過正常入伍的年紀，雖然攝影工作不像坐辦公室需要長時間坐著，但是，我幾年前在台北學國術時嚴重傷了膝蓋，從那之後，我就不再從事任何額外的運動。我的膝蓋動過兩次手術，感覺似乎是復原了，但誰曉得能不能撐過嚴苛的軍事訓練？還有，只要我和台灣的男生朋友聊天，主題常常是軍中各種恐怖傳聞。這些傳聞當時聽來似乎有點誇大，但是現在我忍不住猜測這些傳聞到底是眞是假。我以前爲了說服自己當兵所想出來的各種理由，現在全都化爲烏有；我心中所有的幻想，現在全都無影無蹤。我只想保持現在的生活，一點兒也不想去當兵。

可是，這會兒，我別無選擇。

我試著讓自己逆來順受，接受無可逃避的宣判，並且開始做些必要的安排。但我心裡還是在抗拒這件事。不光我自己難以相信這件事，其他人也都直呼不可能。我跟台灣朋友說，我要入伍當兵，他們起先是難以置信，之後便用一種了然於心的眼光看著我，彷彿我知道什麼神秘知識似的。

不，我什麼都不知道，事實上，在來到台灣以前，我在美國時連軍人長什麼樣都沒看過。

□

我第一次看到軍人，是在一九八〇年代末期，那時我第一次來到台灣不久。有一天，夏日炎炎，我待在宿舍做中文練習，可是沒什麼進展。

這時，外頭傳來一陣陌生的嘈雜聲，於是，我放下手邊練習，走到前廊去看看究竟是怎麼回事，結果我大吃一驚——學校裡竟然一下子闖進來好幾百個年輕軍人，全都是從我們學校附近軍營來的。他們身穿草綠服，步伐整齊，穿越校園蔭涼的走道，大頭皮鞋踏踏聲響，我之前因為天氣太熱，昏昏欲睡，這會兒猛然清醒過來。部隊長停住部隊，要他們在路旁草地上列隊排好，然後就讓那些年輕軍人借用我們學校宿舍的浴室，在剃得光光的頭上潑冷水，他們每個人的頸子都曬傷了。

這是我第一次看見軍人，他們是中華民國的部隊。

後來，我在中文課上有一整節課講的就是台灣的兵役制度，還有相關的中文詞彙。

這時候我才明白，台灣社會這幾十年下來，早就對兵役制度習以爲常，但是對我來說，這一切都很陌生，而且我也很好奇，兵役制度讓台灣社會產生了哪些細微的變化。

於是，我就問我的台灣同學，尤其那些快畢業但還沒考上研究所的人，問他們對當兵有什麼看法。我問過的同學絕大部分都覺得當兵是必經之路，不管想不想，都得當。對於他們來說，當兵是人生的一部分，因此，他們雖然抱怨連連，多數人還是覺得當兵是理所當然的事。事實上，在學校裡，當過兵的大學生的確比較受人尊敬。

在台灣當過兵的人那麼多，你只要隨便找兩三個男的，不管他們年紀是大是小，跟他們聊天，他們講著講著一定會開始「緬懷」當年當兵的種種。大部分人當的都是陸軍，因爲陸軍的人力需求最大。他們會一說再說，告訴你，他們當年當兵的時候在軍中受到的種種匪夷所思的不公平待遇，比比看誰過得最慘。談話當中，不時出現下面這樣的對話：「你那樣就叫做慘啊，我跟你說，我當兵的時候啊，……」

在台灣，走在街上的男人要不是當過兵，就是正在當兵，或者是快要去當兵。那些還沒當兵的人，總是會讓人懷疑。在台灣，幾乎每一個成年男人都當過兵，所以，只要誰被發現他沒當過兵（幾乎沒有人會主動承認自己沒當過兵），一定會被詢問：「你有什

我向同事借來的摩托車，攝於民國82年12月，在台北的和平西路。
這時的我在「非凡廣告公司」擔任攝影助理，這是我來台灣後的第一份全職工作。

入伍前的我。

麼問題嗎？你看起來很好啊！」這時候，當事人通常只能尷尬微笑，告訴他們自己身體出了什麼問題：或許是肝不好，視力差，或是其他有的沒有的毛病。

□

然而，有些年輕人卻會想盡辦法，讓自己體檢不通過，以此來躲避兵役。他們有的是餓肚子，把自己瘦成皮包骨，有人則是大吃大喝，讓自己體重過重。還有其他類似的法子。有些人給逼急了，還說自己情緒不穩，行爲可疑，甚至說自己是同性戀，以爲這樣就不用當兵。不過，同性戀或是情緒不穩會留下紀錄，跟著他們一輩子，所以用這種方法的人不多。

許多人之所以不想當兵，除了他們不想在軍中白白浪費兩年，一事無成之外，還有很多其他的原因。在台灣，當兵已經不流行了，而女性主義的興起，更是讓台灣社會對軍人那種「粗鄙」的形象無法接受。此外，現在的社會是商業取向，許多人很難不去計較少賺兩年薪水的損失。

不過，許多人不想當兵，最根本的原因還是，當兵可能會受傷，甚至死亡。當兵的時候，造成生命威脅的，常常不是武裝實戰，而是一般訓練。在台灣，每一年都有數百名軍人因爲「訓練意外」導致重傷，甚至喪命。而且每次意外事後追查起來，要嘛不清不楚，要嘛就是說應該「極不可能」發生意外。

根據中華民國國防部公布的統計資料顯示，一九九六年，部隊每天死亡人數平均爲一點二九人，換句話說，每年死亡約四百人；一九九六年，中華民國國軍總數爲四十二萬。如果我們拿美國來做比較的話，一九九六年，美軍的總數爲一百四十三萬人，其中該年因公死亡的只有十七人。（補充說明：美國的這項數字，不包括軍人在休假中死亡的人數。台灣的數字則包含全部的死亡人數）

當然，這些喪生的台灣軍人當中，有些人是因爲年紀到了，或是其他的自然死因。然而，除此之外，絕大部分的死傷都是因爲訓練疏失，而這當中，只有少數傷亡符合軍方自己定下的「疏失」標準，例如謀殺或誤殺。根據國防部的資料，百分之九十九的軍人死傷都是來自「意外」或自殺。不過，國際特赦組織（Amnesty International）在一九九〇年代末期，追蹤國防部宣稱的「自殺」案例之後發現，那些軍人其實是因外力傷害而死亡，卻被掩飾爲自殺。

從這些統計資料看來，挖礦都比在中華民國當兵還安全。剛剛說的還只是殉職的軍人，受傷殘障的軍人更是不計其數。報紙上不時可以看到報導，說心急如焚的父母，不知道自己的孩子在部隊裡是生是死，於是到總統府、國防部之類的政府機構陳情抗議。不過，報紙很少做追蹤報導，所以，不到一個星期，大家就完全忘了這回事，反正這種事過去不知道發生過多少次，大家早就見怪不怪了。

□

時間一天一天過去，而我則是一點一點打包收拾自己的老百姓生活。

我把工作辭了，還把所有家當從我在台北市區租來的房間，搬到我朋友在台北縣的公寓。我把摩托車藏在舊公寓的樓梯間，用紙箱蓋起來。我的鑰匙圈原本是滿滿一串，現在卻是空空如也。

我覺得自己就像離開港灣的船隻，正朝向未知的海域駛去。

我決定不把這件事告訴我在美國的家人。我知道，說了只會讓他們擔心。

我在台北租了一個郵政信箱，在 Hotmail 設了個電子郵件信箱，這樣我就可以到網咖收信。

我希望，未來兩年，不會發生什麼事使得我非回美國不可，因爲我顯然不可能離開台灣。

我試著不去假想自己可能撐不過接下來的兩年，但不免想到那許多無法解釋的訓練意外和疑難雜症奪去了多少士兵的生命。而且，就算我躲得過那些神奇的子彈，在海岸的那一頭還有傢伙不斷製造緊張，那個傢伙就是中共。過去五十年來，我們跟他們算是處於敵對狀態，而中共到現在還是不時以武力恫嚇我們。不過，我打賭，他們不會攻擊我們。暫時不會。

2 天A九八一六四三

一九九六年，二月二十六日，星期一。

前一晚，我待在朋友位於三重近郊的家裡，我把所有賣不掉或丟不掉的東西，統統搬到他那兒。這天一早，我好不容易六點起床，穿上舊衣服，揀了幾件襯衫塞進紅色的摩托車袋裡，我習慣背這個包包。

行李收拾好之後，朋友開車載我到台北車站。但是我心裡還是沒有接受未來要過的生活，我還是覺得自己只是在演戲。

這時，天空降下了毛毛細雨，稍稍點亮環繞車站四週的陰霾，很適合我今天的心情。

我搭上開往新竹的公車，前往新竹市郊的關東橋新訓中心。我曾經和我的收養家庭在新竹住過一陣子，但我從來沒有去過關東橋一帶。這裡聽說是全台灣訓練最嚴的新訓單位。台灣人在有名的新訓中心的名字前面都加了形容詞，例如「快樂」、「血腥」或是「汗流」，關東橋呢，他們說是「淚灑關東橋」，因爲這裡的訓練會讓人以淚洗面。

幾個小時之後，我們到了新竹，大雨傾盆。

我下了公車，走過幾條街，來到北區的市公所和市立棒球場，那裡聚了一小群人，站在售票亭附近等待。我走上前去，看見大概五十個年輕人，身邊多半都有親朋好友陪著，其中有五六個年輕人已經把頭剃得乾乾淨淨。我的棕色頭髮長及肩膀，我紮了個馬尾。大夥兒已經警告過我，說軍營裡的理髮師傅都是屠夫出身，我最好先把頭髮剪掉，可是我已經決定，我這幾綹金髮最後的歸宿應該是關東橋新訓中心的地板。況且，既然都是要剪，在部隊裡剪不用錢，那又何必自掏腰包，先跑去剪？

我看見一張桌子，我走到桌前，對面坐了兩個軍官，他們的長相，我不知道該怎麼形容，我把入伍令交給他們，他們就給我一小張圓形貼紙，上面是中華民國國旗、黃邊，還有幾個字：愛國愛家，新竹北區，陸軍一七四八梯。貼紙要貼在襯衫上。貼紙上沒地方寫我的名字，這暗暗提醒我們，即將失去「個人」的價值。

大部分的年輕人都忙著向他們的女友或家人道別，因此，我在停車場上沒遇到什麼人。我把貼紙貼上了以後，有人用好奇的眼光瞥了我幾眼，看起來好像是說：這個外國人在這裡做什麼？他爲什麼貼著入伍貼紙？不過沒有人過來跟我說話。我心想，軍教電影裡頭每次都會出現的教育班長，到底什麼時候才會從門那邊突然走出來，對我們大吼大叫，把我們當灰塵看。

彷彿事前講好了似的，這時候，突然雨過天青，同時有人叫我們坐上公車。我上了公車，裡頭擠滿了人。車裡頭的座位不夠，所以我只好站著。不過，車子不一會兒就停了下來。

因爲，司機迷路了。

關東橋新訓中心那一帶，算是蠻偏遠的郊區，然而新竹市成長快速，現在市區外圍已經變成工業園區。不過，當時工業園區還在興建中，因此路面泥濘不堪，而我們的司機不是軍人，所以也不認得路。

越過工地，新訓中心遙遙在望，幾棟灰白色的建築稀稀落落地散佈著，新訓中心的後面，墨綠色的山巒環繞。雖然我們看得見新訓中心在哪裡，但就是找不到路。司機試了幾次，左轉右繞，最後都遇到泥濘的死巷子。

天色又暗了下來，預告可能會有更大的雨勢。

司機專心研究一張用手畫的地圖，車上突然變得一片安靜，這時，我說了個冷笑話：「找不到路，是不是就不用當兵啦？」我一緊張，就變得很多話。不過這會兒沒人搭腔，大家都若有所思的樣子。或許就因爲這樣，他們才會都沒注意到車上有個綁著馬尾的老外，跟他們一起入伍當兵。

我試著跟我旁邊的人說話，可是他心不在焉。車上瀰漫著一股緊張懸疑的氣氛，好像誰都不想觸犯未知的世界，不然就會惹來更大的麻煩。

最後，司機終於找到路，把我們載到新訓中心。因爲我是站著的，所以，憲兵招呼車子通過路突的時候，我只看見他們的褲腳。我不知道他們是怎麼看我們的。這時，天空又下起毛毛細雨。我走下了公車。

□

映入眼簾的是一大片集合場，集合場上有三十張左右的桌子，每張桌子前面都有幾張板凳架好擺在那兒。大家按照某種不知名的方法，給帶到不同的桌子前面，叫我們坐下，等所有人就座。我們一坐下，就分到一個號碼，那就是我們的兵籍號碼。號碼前面，有一個中文字和一個英文字。我的兵籍號碼是「天」「A」九八一六四三。

沒多久，我這一區便坐滿了緊張的年輕人。

這時，一個穿著制服的班長出現在我們面前，他沒說話，手上舉著一個很像示威群眾拿的白色大看板。看板上的紅色大字客客氣氣地寫著：「請跟我來」。

那位班長把看板高高舉在頭上方，看起來好像漫畫裡面的人物，講話的時候頭上彷彿會出現一個對話框。

我雖然很緊張，卻還是差點笑了出來。

集合場四周是三層樓的水泥建築，班長帶著我們走到其中一棟。

「你們要在這裡領制服和裝備，」班長很客氣地說：「現在，排好隊，每樣東西拿一份。」

我們依序領了草綠褲、長袖上衣、短袖上衣、黑色皮帶和銅環（看起來跟我許多年前穿的童軍服一模一樣），接著又領取了土裡土氣的草綠內衣，內衣左邊胸口印著「陸軍」兩字。接下來，又發給我們青綠色的運動外套、運動短褲、一雙黑色大頭皮鞋、一雙白色運動鞋，和兩條綠色的鬆緊繩，繩子兩端各有個鉤鉤。這兩條鬆緊繩的用途是什麼，我一點兒概念有沒有。最後，我們胡亂整了隊，每個人身邊都是滿滿一堆新家當。

那天早上，在那個房間，總共擠了一百零九個人。

「現在所有人把衣服脫光，塞進你們的個人背包，再把制服穿上。」班長的聲音比剛才稍微急迫了一點。

大家立刻手忙腳亂，把我們在老百姓世界裡穿的戴的東西，包括鞋子和首飾，統統塞進背包裡，然後換上沒有記號的草綠服。不久，所有人都換裝完畢。不過，這可不是隨隨便便的換裝——一直到剛才我們都還覺得自己好像是在旅行，可是現在，事實擺在眼前，我們已經註定成爲這個地方的一份子。

這時，我突然清楚地感覺到自己紮在背後的那條馬尾。我心想，也許應該聽朋友的話，在外頭就先把頭髮剪了。

我們當中有幾個人身材比較臃腫，找不到合適的衣服，就開始抱怨。而班長只是用一聲叱令作爲回答：「所有人上樓，開始動作！」

我們衝上二樓，只看到一間寢室。寢室是長形的，裡面的行軍床兩兩相連，排成一行，每張床可以睡四個人，兩個睡上舖，兩個睡下舖，這樣子的話，我們當中大概有一半的人可以睡在這間寢室。至於剩下的五十多個人，就睡在三樓，另一間跟這個一樣的寢室。

每張床位的木製床板上頭，都有一張堅實的床墊，大概一吋厚，床墊上面蓋著墨綠色的軍毯，床鋪四邊是用鋁條支撐，床位上擺了幾樣東西：S腰帶、鋼盔、水壺，和折得整整齊齊的白色厚棉被。房間前後各有一扇門，其中一頭有幾排暗紅色的櫃子，每個大概三十公分見方。房間裡，其中一扇門的後面是儲藏室，所有人都把自己的個人背包丟到那裡面。至於班長們的房間，則在另一扇門的後面。

這時候，已經接近午餐時間，我們被領到樓下的房間，也就是剛才發制服的地方。制服和裝備全都不見了，取而代之的是幾張桌子、一大桶麵和幾疊閃閃發光的不鏽鋼碗，鋼碗旁邊是不鏽鋼筷。我們衝進房間，有些人坐在桌上吃，有些人則是蹲在地上吃。

這時候，有幾個矮矮胖胖的中年婦女走了進來，手裡拿著白布和電剪刀。吃完飯的人就被叫去排隊，站在婦人前面。

我吃飯一向不快，因此排在隊伍後面，所以親眼目睹了理髮的實況。頭髮一下就剪好了，我心想，我終於換上了一個比較適合現在服裝的髮型，有種如釋重負的感覺——起碼在到浴室去洗頭之前我是這麼覺得。

我走到浴室，洗掉頭上的髮渣，然後照了照鏡子，結果嚇了一跳，鏡子裡，我的模樣跟今天早上醒來的時候完全不同，差太多了。

我在剛剛剃光的頭上灑了點水，就回到樓下，結果又吃了一驚。我剛離開的時候，房裡還是一堆打扮類似的遊客，等我過沒多久回來，他們全都變成軍人了，而我也是其中之一。但班長沒給我們時間多想，他的語調越來越急迫，每一句話都咬牙切齒。同時，其他班長也不知打哪兒冒出來的，一一出現在我們面前。

我們馬上上樓，回到寢室。

「整隊！」我們最先遇到的那個班長大吼，他原先的禮貌現在完全不見了。他先教我們部隊裡怎麼綁鞋帶，這時候大家才發現那兩條帶鉤的鬆緊繩到底有什麼用，那兩條鬆緊繩叫做「綁腿」，是用來固定褲管的，用的時候把綁腿繞在腳踝上，再把多餘的褲管順著綁腿往內翻，這樣一來，足踝那邊的血液循環馬上中斷，不過，考慮到這個部位可能承受的壓力，綁腿或許是個不錯的主意。

班長接著把一首歌的歌詞一句一句唸給我們聽。這首歌，大部分的台灣男生都背得滾瓜爛熟。接下來的兩年，我們每一天早上都要唱這首歌：「風雲起，山河動，黃埔建軍聲勢雄……」這只是我們必須背的一大堆軍歌當中的其中一首而已。

情況越來越緊張。

越來越多班長出現。

不過，至少雨停了。

班長們告訴我們這一百零九個人，我們是第一營第三連。在部隊裡，一個連有三個排，一個排有三到四個班。班長們按照身高，幫我們排集合隊形，同時一一編號。連上只有一個弟兄個子比我高，起碼高了五、六公分，他叫做葉雲隆，他被編成〇〇一號，唸做「洞洞么」，我則是〇〇二號，唸做「洞洞兩」。

「從現在開始，稱呼自己或其他弟兄，除了名字，前面還要加上『新兵戰士』和編號。」班長向我們覆誦，顯然，這段話他已經說過很多次了。

「新兵戰士」這個新名號聽來讓人受寵若驚，但我覺得自己像顆棋子，只是許許多多的、不斷增加的棋子當中的一個。

「你們要用稱謂，還有，不准用代名詞，說到誰都得連名帶姓，當兵不說你我他，聽到沒有？」

除了少數幾個人低聲回答「聽到了」之外，空氣裡是一片靜默。

班長看起來有點生氣，搖頭說：「我問問題，你們就要回答。你們說話的時候，開頭要先說『報告』，然後是你說話的那個人的稱謂。譬如，你跟我說話的時候，就要先說：『報告班長』。長官喊你，就要答『有』，聽懂沒有？」

「報告班長，聽懂了。」我們當中大部分的人齊聲回答，聲音半大不小。

「嗄？什麼？」

「報告班長！聽懂了！」這回聲音大了點，但班長還是不滿意。

這樣一問一答持續了好一陣子，直到我們的答覆聲讓他滿意爲止。我想，他早該滿意了吧。問答結束之前，班長就只是在那裡搖頭嘆氣。

「好，向右轉！齊步走！」

我們開始往前走，試著讓自己看起來像在行軍。我們沿著集合場和障礙練習場外面的走道前進。

集合場的一邊是司令台，看起來像個舞台，另一邊則是一棟雄偉莊嚴的四層樓建築。後來我們才知道那就是旅部。我們的目的地是營區的福利社，現在這間福利社是新蓋的，比舊的那間好太多了，之前的福利社就在我們連的隔壁，只是個帳棚，再加幾跟水泥柱子，架在基地環形牆的平台上。

我們在福利社領到了墨綠色的黃埔大背包，上面有陸軍徽章，然後把領來的東西一一塞到背包裡頭：牙刷、牙膏、臉盆、毛巾、拖鞋、針線包、鞋刷、白蘭洗衣粉。直到現在，只要聞到兩樣東西的味道，我都能清清楚楚回想起新訓中心的生活，其中之一是洗衣粉；另一樣是柴油。

最後，我們還拿到一本叫做「莒光作文簿」的日記本。所領取到的這一些東西，全都要寫上我們自己的號碼。

我有一點搞不清楚狀況，把拖鞋上的號碼寫錯了好幾次，不過後來卻是因禍得福：我很容易就能認出哪一雙是我的拖鞋，因爲上面的黑色比原本的藍色和白色還多。就連衣服上也要寫上號碼，免得搞混，或是被偷。

我們拿著盥洗用具走回連上，放進置物櫃，之後便開始分床。

我是〇〇二，睡在右邊下鋪，緊靠著門邊和置物櫃。

睡在我鄰床的是〇〇四，他戴副眼鏡，看起來像是個讀書人。他還是老百姓的時候，大家都叫他施習生。

上鋪睡在葉雲隆隔壁的，是〇〇三，一個皮膚黝黑的傢伙，名叫郭金水，不過，他喜歡人家叫他「阿水」(台語)。

□

那天下午，我們被帶到中山堂，中山堂看起來很像演講廳，就在我們連上正後方的那棟建築。我們在那裡接受基本的身體檢查，大夥兒穿著內褲和單薄的浴袍，繞著大會堂，排隊一項一項檢查。就在這時候，我才發現我們連上有一群人大部分都是體重過重，其中有不少人就是剛才抱怨制服太小的那些人。他們當中有幾個人還穿著自己的布鞋，因爲他們找不到合腳的大頭皮鞋。面對身體檢查，他們都已經準備就緒，隨身攜帶厚厚一疊的文件，說明他們爲什麼不適合當兵。醫生耐心聽他們解釋，不過卻沒有進一步的動作。這不是我最後一次注意到這群特殊份子。

接下來，沒有什麼要求或建議。剩下的對話都是命令，我猜想，部隊長應該覺得他們給我們適應的時間已經夠多了。那天下午大部分的時間，他們都在教我們向左轉、向右轉、向後轉，還有行進、跑步、蹲下和跪姿。

「跪下！」一聲令下，所有人馬上屈膝跪下。

在台灣社會裡，跪下可是件非同小可的事，意義非常重大，但現在，這個肩上揹著紅白藍相間帶子的教育班長，看到我們跪下了，卻不怎麼開心。

他說：「中華民國軍人『絕對不會』雙膝下跪！下跪的時候，只有一個膝蓋著地。」蹲下也是只有一個腳踝彎曲，一腳在前，一腳在後。就算穿的是普通的鞋子，這麼蹲沒多久也會很不舒服，現在穿著大頭皮鞋，更是一下子就痛得讓人受不了。於是，這就成爲部隊裡常見的一種懲罰方式。

大夥兒很快就發現，常常一蹲就得蹲個老半天，不然就是聽班長連珠砲似的發號施令：蹲下！起立！蹲下！起立！蹲下起立蹲下起立蹲下……

班長們這麼做，是因爲近來爲了防止不當管教，部隊頒布了新的懲罰規定。但是，光是罰我們起立蹲下（或是其他動作）就很難證明，這種懲罰是不當管教。新的規定禁止班長或其他長官使用過去數十年來關東橋建立的懲罰方法。而這些懲罰方法都是由教育班長代代相傳下來的，因此，新規定自然引起反彈，大多數教育班長認爲，他們最重要的任務就是好好訓練我們，而爲了達成任務，使用什麼方法或手段並不重要。因爲這些「訓練」，我的腳趾過了好幾個月才恢復知覺。

到了晚餐時間，我們已經累得半死。

□

所有人都在中山堂用餐，這是我們在軍中正式享用的第一餐，沒想到，又是一場嚴酷的考驗。班長集合好部隊，帶著我們往中山堂出發，我們每個人都按照規定的方式，用左手拿著自己的碗筷。

走到中山堂外面的時候，班長大喊：「踏步！」這時候，有些連的弟兄已經到了，也在原地踏步，而他們的教育班長繞著部隊，批評他們的踏步姿勢很差勁。

後來，其他連的弟兄也來了。

很快的，集合場上就有幾千雙大頭皮鞋在那裡原地踏步，響聲如雷。接著，一連一連停止踏步，不過，班長們開始批評我們的「立正」姿勢。

好不容易，終於可以進去吃飯了。

「第三連聽口令，向右轉！齊步走！」

我們身子右轉九十度，齊步前進，魚貫走入中山堂，直直走到我們連上的餐桌前面。我是〇〇二，因此離桌邊還有一個位子。我們的晚餐已經擺好，放在餐盤上，每張不鏽鋼桌上有一桶飯和一桶湯。我們在板凳後方立正站好，隔著食物，直視對面弟兄的眼睛。桌上的食物看來不怎麼可口。不過，沒關係。大夥兒這時候都緊張得要命，就算桌上擺的是五星級飯店的佳餚美食，我看也不會有人發現。班長就站在桌子那一頭，瞪著我們，大聲斥責沒有直視前方的人。

「取板凳！」

我們彎下腰，把板凳往外移。

「停！」

這時候，有些人已經直起身子了。平常，這沒什麼大不了的，不過，在部隊裡，可就不是開玩笑了。

「一個口令、一個動作！」班長提醒我們。

於是我們繼續彎著腰，等待下一個命令。幾分鐘過去。

命令來了：「好！」

接著，又是一陣靜止。

「就位！」這個命令是要我們跨過板凳，站在餐盤前面。

接下來：「坐下！記住，屁股不要超過板凳的三分之一，腰桿挺直，雙手放在膝蓋上面！眼睛直視正前方！」

坐下從來沒像現在這麼麻煩過。

接著，班長教我們筷子和碗該怎麼放在餐盤上：碗放在餐盤正前方的凹槽裡，筷子放右邊。不過，我是左撇子，所以，我就把筷子放在左邊。

「洞洞兩！」

「有！」我舉手回答。

「該死，跟長官答話的時候要起立。在中山堂，說話的時候一定要搗嘴。你是哪一國人，聽不懂國語啊？」他話一說完，好像就後悔了。

在部隊裡，別人說你是外國人或問你會不會講中文，是很常見的一種侮辱新兵的方法，因爲基本上，來當兵的都是中國人；可是我確實是從國外來的，因此我大可以回答：「報告班長，新兵戰士洞洞兩林道明來自美國。」不過我知道，班長要的不是回答，如果我眞的答了，後果一定不堪設想。所以，我什麼都沒說。

班長神情激動，接著又說：「我說筷子放右邊，你沒聽到啊？你沒看到其他人都把筷子放在右邊嗎？」

我有點想跟他說，因爲我很不幸是個左撇子。在台灣，年紀和我相當的人，小時候是不准用左手的，上幾代的美國人也差不多。不過，我只是想想而已，我想我還是放聰明一點，直接把筷子移到右邊。

「我叫你動了沒有？」

哦，好吧。我想我應該乖乖站著，靜候下一步指令。

我運氣不錯，這時新訓中心的上校指揮官正好走進中山堂，一路走到講台上，他的桌子前面。桌子上舖著絨毛桌布，上面擺著白瓷餐具和玻璃杯。

「起立！」班長們大喊：「立正！」

寬闊的中山堂，頓時全是數百張板凳移動的噪音。接著，是幾千雙大頭皮鞋併攏立正的聲音。一陣靜默，一位軍官朝上校敬禮。

「坐下！」接著又是一陣靜默。

「開動！」當然，這時候，已經沒有人以爲事情會這麼簡單，所以，沒有半個人動作。我們坐在板凳邊緣，直直望著對面弟兄的光頭，一動不動地等待著。顯然，我們必須等到班長下令，才能開動。

再說，吃飯也沒那麼簡單。

「身體打直，眼睛直視前方，碗拿在下巴正前方，以碗就口，把飯挾進嘴巴。記住，不能出聲！」

最後這一道命令，眞是一大挑戰。因爲我們拿到的餐盤、碗和筷子都是不鏽鋼做的。要是他們眞的那麼在乎吃飯的時候要保持靜肅，那麼就應該發給我們比較不會發出聲音的餐具。

雖然我們胃口缺缺，大部分人還是勉爲其難扒了兩三口，可是才沒幾分鐘，就聽見班長大喊：「起立！」

他沿著桌子走來走去，看我們幾乎沒動什麼飯菜：「我說『起立』的時候，意思不但要你們把飯菜吃完，而且要把餐盤碗筷收拾好，等我的命令。媽的，你們這些死老百姓，吃東西像畜生一樣，看！」

他抓起一個餐盤，當著大家的面甩動，接著又將餐盤飯菜用力地往水泥地上一摔，「匡啷」一聲巨響，迴盪在整個中山堂裡。其他桌的人都好像沒事兒一樣，因爲他們的班長之前已經讓他們領教過相同的滋味了。諷刺的是，剛才對噪音那麼在乎的人，自己現在竟然製造出更大的噪音。

「向右轉！齊步走！」餐盤摔地的聲音仍然在大家的耳中轟轟作響，不過，大夥兒依舊列隊魚貫走出大會堂，在外頭成集合隊形。

接著，我們走回連上，在營房後面，有一排水槽，我們先把剩飯剩菜倒進菜渣桶裡，班長發現我們剩了那麼多菜，大發雷霆。接著我們排隊清洗自己的餐盤……

「一分鐘，連集合場集合完畢！動作快！兩兩比肩走回教室，把東西擺好。看到長官，記得敬禮！」

這一路上就有班長在水槽和集合場附近走來走去，等著糾正我們的敬禮姿勢，通常要我們重走一次，再重新敬禮。沒多久，我們的「行進」看起來更像跑步，而且不時還得重走一遍。集合遲到一定會被處罰，這顯然就是那些班長的目的，不過，我相信班長自己也不認爲這一招很聰明。

□

晚餐結束，長官們心情不錯，給我們整整十分鐘盥洗。但我一點兒也不覺得高興，因爲我確定其中必定有詐。果然，小小的一間浴室，怎麼可能擠得下一百零九個壯漢，在十分鐘之內，把澡洗完（至少光靠自己是完全行不通的。我就是在這時候學會什麼叫洗「戰鬥澡」）。

那天晚上，我們在教室上了第一堂課，教室就是我們早上領制服的地方，不過現在房裡擺滿了兩人桌。我是〇〇二，所以坐在第一排，由右數來第二個位子。葉雲隆坐在我隔壁，阿水和施習生則是坐在我們的隔壁桌。

一位班長站在教室前方的講台後面：「首先，我們要塡表格。」接著我們就拿到各式各樣的表格。到現在，我還是不知道那些表格用意何在，因爲那個時候，我們都太緊張了，而且表格一份接著一份，根本沒時間去讀上面到底寫了什麼，只來得及把名字塡上去而已。

「現在拿出你們的『莒光作文簿』。」班長說道。

我們先在簿子第一頁塡上個人資料，其中有一欄要你塡寫自己的家人。這一欄我略過了，因爲我不是很清楚我台灣的家人來自中國的哪個省份，我想，哪一省都不對。

接著，我們記下坐在身旁的十位弟兄，他們的名字和地址。

這本棕皮小簿子裡面有些是作文頁，頁面完全空白，只有一行行直線，好讓你的字

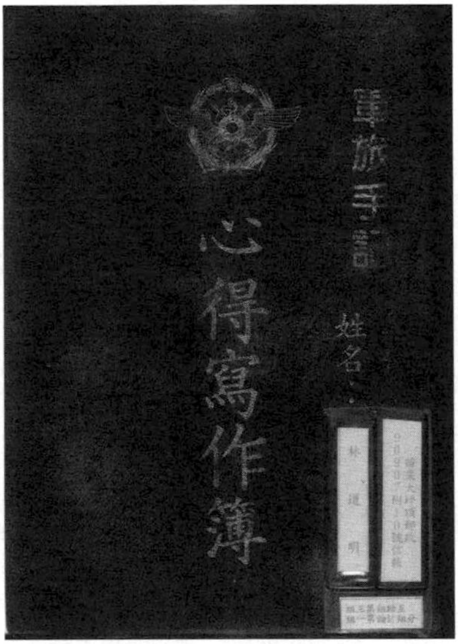

生活劄記：	主官(管)查閱意見

題目	批改意見
題綱	
寫作日期 　年　月　日 第　週	批改人簽名

寫起來比較整齊好讀。每一頁的旁邊還有格言警句。每隔幾頁，就有一處空白，讓人貼相片，並且有地方讓你記下時間、地點、主題和照相的人。作文頁上面有空格，讓你塡上寫作題目、主題、時間和本文，另外還有批改人留下評語和簽名的地方。作文頁背面是生活札記，可以記下自己在部隊生活的感想。當然，也有批改人的評語。

我們後來才知道，每個星期一晚上，班長都會出一個題目，然後要我們自己另外選一個題目，各寫一篇作文。那天晚上的題目是「如何防止逃兵」。我猜，他們八成想未雨綢繆吧。

我是這麼寫的：「中華民國的軍人多少都有人想要逃亡，至少有一部份人有這樣的想法。但是如果軍中的規定都是完善合理的話，逃亡是不太可能的事。這樣，所有官兵們需要合作合作，不要做一些不像話的事情。當然還是會有一些人想要逃兵。不可能百分之一百沒有的。」看到我這麼寫，就知道我是第一天當兵。不過，我這麼寫是因爲時間不夠。

班長一直催我們寫快一點，而且規定我們一定要寫到最後一行，不能多也不能少。

在翻過來的「生活劄記」那一頁，我匆匆忙忙寫下那一天的行程，同時加上感想，例如：

信仰主義——以三民主義思想為思想。

生活劄記：第一天早上五點起來，要上車，找到地方。早上八點四十分時到了北區區公所，看到很多弟兄在那裏走來走去。很多人都不太相信一個很長的像老外可以去當兵，不過看來一分都是好人，以後就可以成為好朋友。到了這裏之後通過軍用品，看沒有自己的東西，與外面生活不太一樣。可以說非常不一樣。沒想到軍中會這麼有學問的東西這麼多方面要學習，吃飯的時候要很快又不要說話。走路的時候都是一起走。

主官（管）查閱意見：

「沒想到軍中會這麼多方面要學。」之類的。我就這麼寫到最後一行，然後就把作文簿交上去了。後來，作文簿發回來的時候，我發現在每一塊空白的地方有人寫道：「把這裡填滿！」上頭還用紅筆糾正我寫的錯別字，並且在每個逗點和句點旁邊打圈，最後還加上簡短的評語。

作文寫完之後，我們又回到連集合場上，聽一堆班長對我們大吼大叫，一會兒批評我們儀容不整，一會兒罵我們的動作。

好不容易，終於到了就寢的時間。

班長向我們保證，從明天起，訓練就要「正式開始」。

就寢號是二二〇〇，也就是晚上十點。我們在連集合場上列隊站好，班長說：「我要所有人在一分鐘之內，在床前就定位，準備就寢。稍息之後開始動作，稍息！」

接下來是一片混亂。

我們一百零九個弟兄衝到樓上，把衣服脫到剩下長袖內衣，再按照規定把鞋子擺在床前正中央。

亂軍之中，我們聽見班長正在讀秒。

時間一到，所有的騷動也應聲停止。

三連的所有弟兄，全都穿著白色長袖內衣，分成兩邊，立正站在床前兩側。那時候是二月，我們還是得掛蚊帳，這眞痛苦，因爲隔天一早我們就得多摺一樣東西。

就寢號透過廣播播放，聽起來跟我印象中的不同，顯然是中華民國陸軍的版本。但這不表示大夥兒可以上床睡覺了。

「這是什麼啊？」我們自認爲鞋子已經排得很整齊了，但是班長不以爲然，他把鞋子踢成一堆。我想，這位班長以前一定參加過足球隊，因爲他常常用這招對付我們。

沒多久，他踢鞋踢得累了，就給我們幾秒鐘把鞋子重新歸定位，排列整齊。在點名之前，他又羞辱了我們一番，這才讓我們在床上躺平。

□

在聽到起床號之前，我們不准下床，連上廁所都不行。不過，能夠躺著實在是太舒服了，沒有人對我大喊大叫，也不用擔心時間不夠，事情做不完，所以，就算規定不准下床，我也一點兒都不在乎。

艱苦的一天總算結束了。能夠躺上床，把被子拉到脖子上，好好睡上一覺，眞是人間一大樂事。

寢室熄燈，房間第一次變得安靜無聲，感覺猶如永恆。

八十五年二月二十七日

今天，就在我夢到我又回去當老百姓的時候，有人叫我名字。我張開眼睛，看見葉雲隆全副武裝，一手拿著木槍，一手拿著手電筒，站在我床旁叫我：「衛勤！換你了，趕快著裝！」

從今晚開始，我們要在寢室和教室門口站哨，每兩小時一班，每班一個士兵。只要有人進出，站哨的士兵就必須回報，而且必須攔住不是自己連上的人。第一班衛勤是從十點到十二點，這一班衛勤的缺點是，有很多班長還沒睡，而且問口令的次數也比較多。

有人來，哨兵就必須問：「站住口令誰？」我們還得記下一個名字，這是暗號。接著，哨兵要問：「去哪裡？」這時又要記住一個地名。最後再問：「做什麼？」來的人必須按照當天晚上的暗號回答。

比方說，哨兵發現有位身分不明的長官接近，兩個人之間的對話，可能是這樣子的：

「站住口令誰？」

「劉德華。」

「去哪裡？」

「去夜市。」

「做什麼？」

「吃豆腐。」

我著裝完畢，走出寢室，看見雲隆高大的身影稍息站在走道上。我拍拍他，他讓我看今晚的暗號，暗號就寫在他的掌心。

然後，他拿出一罐茶：「要不要喝一點？」

「你在哪拿的？」我大吃一驚。新兵是絕對不能碰自動販賣機的，要是被抓到，你就麻煩大了。我們能喝的，只有摻了鹽的水，那是我們從教練場回來，班長拿給我們的。

我把吸管插進鋁箔包，吸了一口甜甜的飲料，眞好喝！

「你還撐得住吧？」他低聲問道，聲音低沉。

「我還活著，不是嗎？」

我得站兩個小時，阿水才會來接替我。

時間已經過了午夜，基地圍牆那一邊，可以看見新竹市華燈點點，微微閃爍。

我站在走廊上，看到圍牆外面的景物和附近工廠的圍牆。通常，我不會特別留意工廠和工人，但是在那一刻，活在外面那一個世界的人，他們的生活看來是那麼美好。

突然，我注意到自己身上的草綠軍服和大頭皮鞋，再看看寢室和其他營舍；突然，我發現自己眞的在站衛勤，自己眞的是中華民國台灣陸軍的一份子。

幾天前，我還過著平凡無奇的生活，現在，那一切都不見了。

今天是我當兵的第二天。雖然感覺不可思議，但是我現在這個陌生的新身分可是貨眞價實。

跟我在美國成長的經驗相比之下，我現在的處境簡直是荒謬到了極點，我得費九牛二虎之力，才能不讓自己哈哈大笑。

天啊，ＴＣ，你現在到底把自己搞成什麼樣子啦？

3 飛彈，披薩，小喇叭

部隊裡的日子非常規律，每個星期，唯一可以稍稍喘息的只有星期日和星期四。星期四是所謂的「莒光日」。

在莒光日這一天，大部分時間都在進行政治思想教育，我們可以坐在教室裡欣賞一個叫做《莒光園地》的電視節目，從早上八點開始，到九點四十分左右。這個節目是由台灣的一家無線電視台播出，每星期播出三次，各營可以自行決定觀賞的時間，不過一定要看。

《莒光園地》的內容很空洞，但大家還是很高興有這個機會稍做喘息。節目每次都是由兩位女性當主持人，一位穿軍服，一位穿便服，我們一邊看著坦克車、噴射機、爆炸和其他的戰爭畫面，一邊必須跟著片頭曲合唱。跟著電視機唱歌的感覺很奇怪，不過，可以坐在這裡無所事事，感覺奇怪也無所謂。

節目裡的音樂都是些粗糙的合成音樂。兩位女主持人先是一段簡短的政令宣導，之後便是一週時事。我不知道爲什麼，第一條新聞一定是關於當時的總統李登輝；第二條新聞，通常是（那時候的）行政院長連戰或參謀總長羅本立將軍；接下來是一般頭條，但都非常簡短。新聞之後，會有幾齣演得很爛的短劇，幾個不可能在現實生活出現的角色，演出很ＰＣ（政治正確）的戲；另外還有幾則報導，講的是在不同基地服役的軍人的生活。短片一定跟軍中犯罪和處置有關，片中一定會有一個壞老百姓，還有一個單純的年輕軍人，這個年輕人受到壞人的影響，最後就會出現一個剛正不阿的軍官來調查犯罪，打擊壞人。有時候，壞人可能會是軍官，劇情幾乎沒什麼變化。

每個星期，我們就看同樣的演員在節目中扮演不同的角色，其中有個演員叫做張震嶽，後來變成很有名的歌手。我們也會注意兩位女主持人的發展，看誰晉升了，誰換髮型了，誰穿軍服誰不穿。

在每個星期四早上，就算長官三令五申，叫我們必須保持坐姿端正，對服裝儀容的要求也更嚴格，我們也不在意。這感覺其實很像上教堂。幾個班長顯然認爲，我們這一天多半坐著接受政治思想教育，因此剩下來的時間，他們有義務要讓我們特別難過。

□

當時，台灣正要舉行第一次總統直選。每個星期，軍中新聞的焦點就和其他電視台一樣，大部分都是李總統的新聞，並且預測他會贏得選舉。中國大陸擔心，李登輝一旦當選，就會正式宣布台灣獨立，因此不斷出言威脅，警告台灣，如果李登輝勝選，後果將不堪設想。

其實，中國大陸最擔心的只有一件事，那就是台灣在李登輝的領導之下，會持續繁榮發展，這樣一來，他們打算打壓台灣在國際社會的地位的計畫，成功的可能性便會降低。

當時，我的想法是，如果中國大陸眞的擔心台灣宣布獨立，他們大加攻擊的對象應該是當時的民進黨總統候選人彭明敏才對。因爲，彭明敏在這之前是流亡國外的，他才是台灣獨立運動的領導人，而不是李登輝。

幾年前，我在台北一間購物中心逛街的時候曾經巧遇李總統，並且與他攀談了一會兒。他在試穿晚宴服。我有點意外，因爲他看起來就像個和藹的老先生，鄰家的伯伯，而不像是一國元首。他願意跟一個素不相識的外國人談話，這點讓我對他評價很高——雖然這幾年來，他一直試著重新獲得在位時的權力與影響力，而不是把事情留給下一任總統。或許，中國大陸比其他人都還清楚李登輝的眞正企圖。

總之，中共警告可能武力犯台，因此，營區的氣氛比往常還要緊張。我的確很好奇，國外媒體對於這件事是如何報導的，而我的家人有沒有必要爲我擔心。

看完電視，我們會分成小組，假裝討論政治議題。談話通常持續不久，因爲兩岸的政治情勢就是那麼簡單明白。有些弟兄傾向正式宣布獨立，不過，大部分人還是認爲在中國大陸的反對之下，這樣的舉動太過愚蠢，而且沒有用。有人問我，台灣如果遭受攻擊，美國會不會介入協防台灣。我回答有可能，不過條件是，攻擊必須是突發的；如果台灣藉由宣布獨立而開戰，美國不但不會承認台灣獨立，甚至會讓台灣獨自面對中國大陸可能發動的任何攻擊。這番話，在那些支持台灣獨立的弟兄聽來不太順耳，因爲他們的說法都假定，無論台灣怎麼做，美國都會協助台灣。但他們沒辦法反駁我對美國的看法，因爲我在那裡長大，他們卻從來沒有去過美國。我發現，他們這些人可能太喜歡引人注目，常常耍些花招，脫離常軌。

□

逐漸習慣自己的軍人身分，感覺上就像換上制服一樣簡單。也開始有一點短暫的、屬於自己的時光。

然而，災難不斷發生。比如說，有人抽菸被逮到，結果全連被罰立正好幾個小時，聽班長罵人。或是有人上完廁所沒有沖水，班長們就叫我們九十七個人全都擠進三間浴室，在裡面待一整個下午。

其實，我們本來一共是「一百零九條好漢」的，後來有十二個人離開了。原因不明，不過我猜，可能跟訓練初期的某一次事件有關——

那一天，在教練場上過了一個訓練特別嚴苛的下午之後，回到連上，又繼續繞著連集合場行進唱歌走了一圈，才剛剛立定，就有位弟兄搖搖晃晃，一副站不住的樣子。

這時，一位個子矮小而黝黑、長滿雀斑的班長（他姓黃）高喊：「去叫救護車！」其他幾個班長則把這位昏迷不醒的弟兄的衣領鬆開，拿來一個看起來像是吹氣球用的氧氣瓶，把氧氣送進昏倒的弟兄口中。幾分鐘後，一輛悍馬車開了過來，把昏倒的弟兄接往醫院。

這時候，黃班長又吼了：「看什麼看？你們站成這樣還敢叫立正？」雖然口氣兇巴巴，可是在黃班長照顧那位弟兄的時候，有那麼一瞬間，還是在他臉上瞥見了那麼一絲仁慈。

那天稍晚，我去找一位姓陳的班長，他身材魁梧，表情兇悍（其實，每個班長看起來都很兇，可是陳班長看起來特別兇狠）。我問他可不可以請教他一件事。

「你要問什麼？」他惱怒地瞪著我，嫌我打斷了他。

「報告班長，請問新兵戰士么洞三的狀況現在怎樣了？」么洞三就是那位昏倒的弟兄。

陳班長臉色和緩下來，嘆了口氣，回答我的問題，語氣正常，事實上是很親切，完全不同於班長們的那種嚴厲苛刻。

「他很好，只不過是訓練份量太重了，如此而已。」

這件事過後不久，有一天，我們在集合的時候，有十來個病號——包括那個新兵戰士么洞三——穿著老百姓的衣服，看起來人模人樣，感覺像是另外一個種族的人，準備向我們道別。他們的離營證明或退伍令之類的文件已經得到了批准。

看著他們步行離開（我們上次眞的「走路」是什麼時候的事了？），我心中百感交集，既嫉妒他們過得這麼爽，卻也同情他們永遠當不了軍人。

可是，我實在不能多想，因爲新的任務一一發佈，我們必須學習各種東西：要學會如何帶槍在教練場上移動，還得學習如何在黑暗中進行槍枝分解結合，以及如何在眞槍實彈的場合使用武器。

□

在訓練當中的短暫空檔，大夥兒不是打個盹兒就是休息喘口氣，偶爾也會有足夠的時間可以打電話。這時候，樓梯井底的那兩支電話前面，就會出現兩條長長的隊伍。很多弟兄都有女朋友，很希望能夠講一點悄悄話，可是機會不大。因此甜言蜜語常常會被身旁緊張的聽眾用嗚聲、噓聲或粗魯的笑話打斷。

有一次，我逮到了機會打電話。

我打給我的朋友克里斯．瓊斯（Chris Jones），他也是美國人，在新竹教英文。他那時候住在另個朋友黃嶽峰家。結果克里斯不在，我就跟黃嶽峰說了我在部隊裡面的情況；黃嶽峰則說，他有個朋友的弟弟現在正在關東橋當憲兵。沒說多少話，部隊就集合了，我只好掛上電話。

我打電話，主要是爲了跟外面的世界有點接觸，同時希望有人能在懇親日（也就是每個星期日）過來看我。

懇親日一早，跟平常日子沒什麼兩樣，都要做那些狗屁倒灶的事：跑步、唱歌、行進、吃早餐。不過，從早上九點到下午兩點，親朋好友可以到營區探訪新兵。班長們在懇親日會變得比較和藹，跟親朋好友談天說笑，讓一旁的新兵看得目瞪口呆。

懇親日那天，我們必須戴上草綠色小帽，上面有國民黨的青天白日金屬徽章，帽子後緣有兩條帶子，可以調整鬆緊。另外，我們還要繫（一點也不S的）S腰帶。

等到下午，最後一位老百姓踏出營區，我們可有得清掃了，因爲一般台灣老百姓都是垃圾製造機，要是全家出動，製造的垃圾更多。垃圾清理完了，還有「收心操」在等著我們，提醒我們，親朋好友已經走了，現在班長又是我們的主人了。收心操裡面，一定包括沉重的體能訓練、大量的咆哮怒罵，還有跑步和唱歌。

我都沒有訪客。所以，星期日我都得待在樓上做些煩人的事，還要在走廊上站個幾班哨。我不是唯一的一個。大概有一半的弟兄都沒有訪客，而就算有訪客，通常也待不久。

有天下午，午餐結束之後，我們在水槽前面排隊站好，這時候，有個憲兵走了過來，找士官長徐立煌說話。徐士官長才剛剛休假回來。

那個憲兵的肩章上有兩條勾，是個一兵。通常，班長都不覺得一兵有什麼了不起，更別說是新訓中心的教育班長了。不過因爲憲兵可以上抓三級，而且可以登記三級以下的軍人，不需要任何理由。所以部隊裡的人大部分都對憲兵敬而遠之。

那個憲兵和士官長交談了一會兒。然後，徐士官長喊我。我走過去，背後是九十幾雙好奇的眼睛。我想著自己是不是做了什麼壞事，卻怎麼也想不出來。我想，他們或許在我還是老百姓的時候，挖到什麼罪狀了吧？

「洞洞兩，這個憲兵想跟你談談。」士官長說完就離開了。

憲兵示意，我們兩人往外走了一段，遠離其他人的耳目。走到角落，憲兵跟我握手，臉上露出微笑。我好久沒看到這樣的表情了。

「你好，我是彭德昌的弟弟，我叫彭德仁。」我心想，這一定就是嶽峰提到的那個人了，我鬆了一口氣。原來我沒惹什麼麻煩。

「我只是過來跟你說，如果你有什麼需要我幫忙的地方，儘管跟我說。」他說：「你過得還好嗎？」

「嗯，還好。」我回答：「畢竟這裡是新訓中心，本來就應該很硬。」

「那是沒錯，不過，這裡可能是全台灣最嚴苛的新訓中心，因爲這裡的人不大講究什麼『公平』或『合理』。」

我點點頭。這裡的班長們都誇稱他們可不像其他新訓中心的班長那麼溫和。

「比如說，」憲兵接著說道：「你們午餐過後應該可以休息，也就是睡午覺。你知道嗎？」

我當然不知道。我們唯一的休息時間就是晚上，沒有衛勤的時候。德仁祝我好運，之後便回自己連上了。他臨走前，又對我說了一次，如果有需要，記得跟他說。他人眞的很好，不過，我很懷疑他能幫些什麼忙。

□

每個星期四收看莒光日節目，我們發現政治情勢越來越糟。中國大陸警告，如果李總統再度當選，就要武力犯台。這反而讓李總統勝選的機會更大，因爲民進黨的候選人仍然在鼓吹台灣獨立，而支持民進黨候選人的民眾變少了。

班長們晚上常常被抓去站額外的衛勤，這讓他們在白天更是脾氣暴躁，想盡辦法折磨我們，比如頂著中午的大太陽，保持讓人不舒服的射擊姿勢，一做就是很長一段時間。我已經弄壞一副眼鏡，而我的長袖外衣和T恤都沾滿了教練場上泥巴的痕跡。有時候，班長們要我們倒立，大頭皮鞋頂著上舖的邊緣，維持這個姿勢很久的時間。弟兄們手痠了，難免會跌下來。如果個子矮，那還不打緊，但是，有一次，葉雲隆手一鬆，人整個摔了下來，他那一米九的身材硬是摔在水泥地板上，力道之強，他起身的時候，身上已經鮮血斑斑。

□

有個星期日，我和連上其他弟兄坐在樓上寢室裡摺棉被，這時，我突然聽見有人喊我的名字。我嚇了一跳，自己竟然有訪客耶！

在這之前，我只有一個訪客。他是我的大學同學，順道來看看我。可是我正在站衛勤，沒辦法跟他見面。

在樓下等我的人，是彭德仁。

彭德仁和克里斯一起來看我。那天天氣很好，正適合會客，營區洋溢著一股不尋常的節慶氣氛，跟往常的嚴厲完全不同。中山堂的桌子擺在集合場上，到處都是全家大小，坐在桌前享用食物。

看到外面來的熟面孔，我很開心，而我更高興看到他們帶來的東西：披薩。克里斯知道我喜歡達美樂披薩，就買了一個大的燻雞蘑菇披薩。披薩裝在我熟悉的紅藍紙盒裡。他把我的帽子拿掉，嘲笑我在部隊裡剪的光頭。我們三個一起走到中山堂。走路的時候不用對齊步伐，可以態度從容，感覺眞是奇怪。這一切實在是太不眞實了。

我們坐在中山堂裡聊天。我說話的時候，旁邊的幾家人全都盯著我們瞧——我猜他們一定是搞不懂，爲什麼這裡會有兩個老外，而且其中一個顯然是軍人，坐在中山堂裡頭吃披薩，用英文聊著即將上映的電影和最新的電腦遊戲。

那眞是美好的一天，我過得很開心。但是那天晚上，當訓練和「收心操」重新開始的時候，感覺比以往還要辛苦好幾倍。

□

總統大選的日子越來越近，有一天，我們全都被帶到中山堂聽一位將軍演講，演講內容跟選舉有關。他們說，我們可以出去投票，我們當然都很樂意，不過我想，不少弟兄應該不會把這麼寶貴的休假時間拿去投票。

將軍發表長篇大論，說明投給李總統的好處。之後，他果然把我叫了出來，當著全中心所有人的面，問我要投誰。

我能說什麼？要是我更有反抗精神，或不那麼憤世嫉俗，我可能會說實話，說我還沒決定，不過傾向於投給新黨的候選人。可是我選了比較「政治正確」的答案，而且盡力用熱情的口吻（而不只是想省麻煩）說：「報告長官，新兵戰士洞洞兩林道明要把票投給李總統！」才怪！我偷偷加了一句話。

然而，北京政府的下一步動作，是對台灣試射導彈。空包導彈就落在台灣島的沿岸。如果他們這麼做是希望台灣陷入一片混亂，流言飛舞，那麼他們顯然不了解台灣人的心態。會關心這件事的台灣人，其實都只是想帶家人和午餐，到台灣沿岸去看導彈墜海激起的沖天浪花。

然而，對於我和部隊弟兄而言，我們卻覺得情勢可能會失控。如果中國大陸說到做到，那該怎麼辦？如果民進黨候選人當選了，怎麼辦？（評估當時情勢，這不是不可能的事，畢竟那是台灣第一次舉行總統直選，誰能預知結果？）

那段時間，我每天早上看著國旗飄舞在敬禮的手掌「海洋」之上，聽著大夥兒唱國歌，總不禁揣想這面國旗還能繼續升個幾年呢？

新聞也在海外掀起波濤。柯林頓總統感覺到衝突一觸即發，於是派遣了兩艘航空母艦戰鬥群到台灣海峽，進行協防。

我的一位台灣朋友，把我信箱裡頭父母兄弟寄來的信轉寄給我。家人在信中警告我，趕快離開台灣。我一邊讀信，一邊做鬼臉，心想我怎麼能讓家人知道我的狀況。我寫了回信，口氣很鎮定，但語焉不詳，希望他們的擔心是多餘的。

□

情勢緊張，但是，我們的日子一天一天過。結訓的日子也漸漸接近。這時候，不同單位的徵兵官也開始在營區出現。有時候，我們會在集合場上集合，等候選兵。

「誰有××背景？」徵兵官在上面宣布。他們通常都找會修東西的人，修水管、水塔、修電子機械等等技術。

我等著看有沒有人要找英語流利的人，可是並沒有。沒有人要找翻譯或寫東西的人。都沒有。

離結訓還有一個星期左右的某一天，選兵團又來了。這是最後一次，也是陣容最大的一次，營上所有一七四八梯的弟兄全部到齊，集結在集合場上。

等他們把單子上所列的專長唸完，我的希望又落空了。要是選兵選上，我就不用抽籤，不用冒著到外島當兵的風險了。外島不但偏遠荒涼，要是中國大陸出兵，外島絕對是最先被攻擊的地方。

雲隆被選到離他家不遠的軍事監獄服役，因爲他的身材高大。阿水則是想去受教育班長訓，如此一來，受完訓，他不是到關東橋就是到其他新訓中心。有些班長勸我也去接受教育班長訓。但我對教育班長的印象不是很好，因此，我決定繼續等待。

事實上，機會眞的來了。

□

差不多在結訓前，有位上校，身上的草綠服有點邋遢，過來問有沒有人會玩樂器。機會終於來了！我從十一歲開始就會吹小喇叭。

五、六位弟兄站出列，走到上校那輛墨綠色軍用裕隆轎車旁。原來，這位上校是從陸總部軍樂隊來的。他打開行李廂，拿出幾樣樂器，要我們各選一樣試試。眞奇怪，所有志願出列的人都說自己會吹小喇叭。我很好奇，於是就讓其他人先吹。

這幾人裡面沒有半個人能吹出超過半個音階。我其實不意外。他們也不過就是吹出幾個長長的吧聲，拿去廟裡拜拜可能還不錯，做軍樂手可能就不大合適了。

最後，輪到我了。

我拿起樂器，吹了一小段《威尼斯商人》的變奏曲，接著又吹了另一支短曲。上校選了幾段樂譜要我視譜，我也輕鬆過關。

然而，上校的臉色看起來不是很高興他有幸遇到我。

「事情是這樣的，」他解釋道：「在陸總部軍樂隊，我們以整齊一致爲榮。我絕對相信，你的演奏技巧是一流的，可是，你的

民國79年，我在東海大學上音樂課，與兩位學姊留影。
我手上拿著小喇叭。這張照片被我貼在莒光作文簿裡。

長相嘛……」

他打量了我一番，接著又說：「那個，呃，你長得有點突出，你應該知道我的意思。不是我們不要你，我們很需要有你這種音樂才能的人，眞的。只是，我不知道……」

他皺起眉毛，表情憂慮，接著轉身走過去，與隨行的兩位少尉隨扈商量一番。

我不知道該怎麼辦，就拿著小喇叭繼續吹奏，從上校拿來的樂譜當中挑個幾段，吹個變奏，同時刻意避開高音，因爲我對高音沒那麼在行。

沒多久，他走了回來，這次滿臉笑容。

「我們決定了，」他跟我說：「我們要你加入樂隊。不過要記住，這不是一份閒差，我們的練習非常認眞，樂隊行進也不容易。但你很快就能升班長，而且薪水也不錯。」

「報告長官，沒問題，我加入。」我說。我在美國從國中到高中都參加了學校的管樂隊。如此一來，我就不必面對抽籤決定去向的壓力和危險。中獎囉！

這時，其他候選人就各自解散了。

「不過，有件事，」上校卻說：「根據規定，你必須抽籤才能來這裡。」

在部隊裡頭，攀關係的現象非常嚴重，但自從有人抗議之後，上級便下了一道命令，要求新訓單位的新兵都必須抽籤，以示公平。

「既然這些來混的都不會吹小喇叭，我們得另外找人來抽另一支籤。你們連上有誰的個子比較高？要高到能夠扛得動蘇沙低音大號？」

我馬上想到雲隆，但他已經被軍事監獄選兵選走了。可是，我只想得到他，因此我就對那位上校說了。

「去找他來。我們只是做做樣子，但還是要做。」

於是，我跑去向雲隆說明樂隊的事。他才與軍事監獄的長官說完話。

不久，我們兩個便站在司令台前。

午後金黃的陽光下，集合場上空無一人。我們兩個已經接受檢查，看身上有沒有刺青。有刺青，以後就不能升士官。

上校在小桌子上擺了一個小籤桶，籤桶裡面有兩個塑膠小圓盤，一紅一白，分別是一號籤和二號籤。一號籤是好籤，也就是樂隊籤。我不曉得爲什麼上校這麼有把握，我一定會抽到好籤。上校和兩位少尉看著我背對籤桶，大聲宣布，我要抽籤。

我和雲隆猜拳，結果，我要先抽。

我把手伸進籤桶，摸到一個小圓盤，我的手指感覺到圓盤有一面凹凹凸凸的，我驚訝地發現，那是籤號！

我從指甲摸到的紋路判斷，我確定那一定是二，也就是壞籤。我把這支籤捏在手上，一邊試著去摸另一支籤，可是就是摸不到。

那支籤一定在，可是在哪兒呢？

我心裡一陣慌亂。

抽到了什麼籤，可是攸關我接下來那兩年該死的軍旅生活要怎麼過耶！可是，我怎麼摸就是摸不到另一支籤。

時間到了。上校清清喉嚨，提醒我。

但我瘋了似的用手在籤桶裡面撈那另外一支籤。

找不到。

我想，可能是我沒那個命吧。於是，我舉起手裡的二號籤，同時聽到上校低聲咒罵。結果當然是雲隆抽到那隻好籤。

我好失望。就差那麼一點！而且我知道自己手裡拿的不是好籤。可是，爲什麼我在籤桶裡頭就是找不到那支籤呢？

再說，我還讓雲隆錯失了到軍事監獄「納涼」的好機會。這下，未來兩年，他得學著怎麼吹奏低音大號和扛起它行進。他不是很高興。

我不但毀了自己的前途，還毀了他的前途，我覺得自己應該負責。

三連的其他弟兄都聽見我在上校面前演奏，我一回營，他們就向我祝賀，以爲我一定是被樂隊選走了。

我覺得眞是諷刺，原始用意是爲了防止人情關說的方法，結果卻把眞正有能力的人給刷走了。

4 當老百姓時享受不到的感覺

在關東橋的新兵訓練就快結束了。

這段日子，我的膝蓋在跑步時越來越痛。就算班長們又推又拉地「幫助」我，我還是遠遠落在隊伍後面。這時有人問起怎麼回事，我才承認多年前我的膝蓋受過傷，而且當初可能沒有治好。

輔導長說，期末測驗完畢之後，我可以到軍醫院做檢查。

□

大夥兒開始在幾個教練場上分別接受各項期末測驗：各種刺槍術、五百公尺障礙跑步、戰鬥教練、槍枝分解結合；所有項目都必須做得既精準又正確。就連唱軍歌、行進或伏地挺身也都必須做得很確實。

班長對我們表現出徹底的厭惡，他們常常說，我們是他們在關東橋看過的最差勁、最懶惰、最不夠格的兵。

結果，我的刺槍術表現相當不錯，打靶也還可以。但我在手榴彈投擲當然沒拿到最高分，不過倒也不是最差的。這算是小小的安慰。

我從小就不會投擲球類。我爸和我哥可以告訴你，我小時候把棒球丟出去，沒有人知道球會飛到哪裡。而我自從入伍以來，就一直被手榴彈投擲這件事整得很慘。

新兵訓練第一次投擲手榴彈的時候，其他兄弟都做得不錯，但我怎麼樣就是丟不過三十公尺，也無法丟進劃好了兩條線的規定空間裡，而且我丟出去的手榴彈常常會以奇怪的螺旋路線偏掉，飛進附近的小樹叢裡。丟不好的處罰是做伏地挺身，我那天不曉得做了幾百下。

到後來做手榴彈投擲練習時，我根本不用看手榴彈飛到了哪裡，也不必聽投擲場上的弟兄報距離，我就直接到一旁做伏地挺身。後來，班長把丟得最差的幾位弟兄帶到另一塊空地，用舊棒球做練習。到了訓練結束的時候，我總算可以丟得蠻遠也蠻準的。

最後一項測驗，是在教練場上進行累人的戰鬥教練，其中包括所有學過的障礙超越和戰鬥技巧。

老天爺幫忙，陽光普照，微風涼涼，所以我們不必跟泥巴和雨水搏鬥。

我們攻上最後一道小坡，假想敵就在山頂的壕溝裡。這過程中，我想像自己眞的在打仗，敵軍的部隊就在山頂上，朝我們射擊；我們要保衛領土，更要保衛自己的性命。我知道這一切可能眞的會發生——這個事實，對我來說，比中共試射導彈的消息更要緊，更有說服力。但是，伴隨著這股恐懼而來的，是一股求生的意志，一種爲了捍衛自己而不惜採取行動的感覺，我從來沒有出現過這種感覺。

我身上起了一陣興奮的顫慄，壓過了心中的恐懼。

我們的假想敵是「人民解放軍」，把他們團團包圍之後，開始心戰喊話，希望他們了解共產黨的倒行逆施，轉而投效我們國軍。我們告訴「他們」，與大陸比起來，台灣的生活又好又自由，而我們這裡的饅頭比他們的好吃。然後，我們抓到了人，用步槍抵著他們，帶他們離開。扮演敵人的士兵演得實在很不像，我不認爲眞正的解放軍會像他們這樣輕易就投降。

一如往常，興奮與快感稍縱即逝。在返回營區的路上，班長們又開始痛罵我們的表現太差勁。

到了晚上，我們在教室裡枯坐，聽著班長們（尤其是黃士官長）長長的訓話。他們說，我們別再自欺欺人，還要堅持被當成普通老百姓對待；我們就是軍人了。他們講起一長串的關東橋光榮歷史，搬出一大堆理由，說明爲什麼我們這些人「不配」從這麼光榮的新訓中心結訓。他們還講了很多恐怖的傳聞，說我們結了訓、眞正下部隊之後，日子會有多可怕，多辛苦；因此，我們每一個阿兵哥都得站起來，說出自己的感想，告訴大家爲什麼自己把這麼好的機會搞砸了。我們僅有的一絲自尊，在這麼猛烈的批評之下很快就凋萎消失了。

我後來才知道，這樣的責備與打壓，其實是所有人在新兵結訓之前都會遇到的過程。

班長們這麼做，或許是爲了讓我們戒愼恐懼，戰戰兢兢，在離開此地之前都還乖乖聽話——因爲，在我們抽到一張決定未來兩年命運的籤條之前，他們要放所有人三天的外出假；而我們在收假回營、抽過籤之後，就必須立刻分發；那些抽到外島的人，接下來可能有一整年的時間都無法回到台灣本島與家人團聚。

不過這次休假並不是我入伍以來第一次離開關東橋。我在受訓期間，曾與八、九個弟兄一起被送出營區，到軍醫院檢查身體。我的問題是膝蓋。幾個班長帶隊，從旁全程監視。

□

春天，並不是個可靠的季節。離開營區準備休假的那一天，大地吹著寒風，天上層層烏雲。

我們拆下棉被套，把床單摺好，帶回家縫補清洗。我的床單上本來有一個小洞，越破越大；我不會做縫縫補補的女紅，不知道該拿床單怎麼辦才好。而我們的內衣則因爲在泥水中打滾的關係，變成了棕紅色——像這樣的內衣，一下子就塞滿了垃圾桶。

班長打開儲藏室，把我們剛來受訓時所帶的私人背包袋子和物件拿出來，還給我們。大家紛紛換裝。我們都深深受到訓練的影響，身材變得差不多，胖的人瘦了，瘦的人變結實了。

我穿上三個月前的衣服，感覺很奇異。很不習慣，太奢侈了，不大合適，感覺不大合身。不必用綁腿把長褲的褲管收進去，不必穿大頭皮鞋，襯衫上沒有釦子——這些感覺更是奇怪。

我換好衣服，看了看自己的背包，發現裡面有一條藍色的橡皮筋。我一時不明白那是什麼東西，它又怎麼會出現在我的背包裡。

突然間，我想起來了。

幾個月前，我是拿它來紮我的長頭髮的。

這時，集合哨音響起。眾人把自己的家當放進黃埔大背包（我的黃埔大背包已經破洞了）跑出寢室，下樓到連集合場集合。

「你們有三天的假，從今天中午算起。」李排長說：「好好休息，跟家人聚聚，別惹麻煩。雖然你們沒穿制服，外面還是有憲兵，他們從一公里外就能認出誰是軍人。你們可能還要很久很久才能再放到假，所以好好享受吧！」

（以前，軍人放假的時候要穿軍服，但是我當兵的時候，已經由於政治激進人士的示威抗議而改了規定，這是希望軍人離營的時候不致成爲明顯的目標。）

班長分發了通行證和軍人身分證給我們，證件上面貼著我們剛入伍時所拍的相片，不怎麼好看的相片。

然後，我們就整隊走出了大門。自從遊覽車把我們載進營區來，這是絕大部份的人第一次出大門。

就這樣出了大門。

一開始，覺得有點無所適從。

然後，我攔下一輛擠滿了弟兄的計程車，硬擠上後座。

計程車開到了新竹火車站。

我排隊買票，同時留意坐在「軍人服務處」的憲兵，免得被盯上。台灣每一個大火車站都有這種服務處。我們的頭髮和黃埔大背包就跟太陽一樣明顯，擺明了是休假中的軍人。

我的軍人身分證和身分證。

我在售票口買了張軍人優待票。那個時期，軍人還是享有不少優待，坐火車、搭公車、看電影等等都有折扣。

售票員看了我一眼，要我出示軍人身分證。我把證件擺在櫃台面，他略事檢查，好一會兒才把車票遞給我。

我聽到他喃喃說著：「老外當兵，我可是開了眼界。」

離發車還有一段時間，我決定到友人黃嶽峰的店裡找他，然後再到隔壁的軍用品店買個新的黃埔大背包。

想去哪裡就去哪裡，想走多快就走多快，感覺實在奇怪。不過，老實說，感覺眞好。我四處閒晃，看看賣小吃的攤子，很開心地想著，我想吃什麼就可以買來吃。

面對這突如其來的自由，我的心情從剛開始的無所適從慢慢變成狂喜，那感覺簡直讓人暈眩。

坐火車回台北的途中，聽見了女生說話。好一陣子以來，除了偶爾偶爾來上政治課程的女軍官之外，都只聽得到男生粗嘎的聲音，這會兒光是聽見女生的聲音，我就心頭一陣震顫，覺得很舒服。

□

三天假期裡，我狠狠地休息了幾天。過去這段時間裡我總是全身痠痛，經過休息才算好多了。

假期裡，朋友的妹妹想辦法幫我縫被套，但經過她的手以後，被套根本不像被套，反而像外星人的帳棚。

此外，我經常揣想著接下來會是到哪個地方當兵，動不動就會想到自己即將要淪落在台灣海峽中央的荒涼礁石群上，一待就是兩年。

□

收假，回到關東橋。那種進出於兩個「世界」所形成的衝擊可真是不小。

我出去外面的世界只不過短短三天，回到部隊的第一天，感覺卻像是來到另一個星球，這是一個令人充滿挫折感的世界，伏地挺身、叫罵，神經兮兮的人們互相對吼。

天氣變冷，讓人根本打不起精神。再次穿上制服，回到三連。我那怪里怪氣的棉被套立刻成了連上弟兄的笑柄，而班長們大為不解。我只能聳聳肩，說我自己不會縫東西，顯然我朋友的妹妹也不會。

等我們「收心」收得差不多，感覺上又像個軍人之後，排長便領著我們行進到旅部大樓去抽籤。

□

我們進到一個課室。排隊在木頭椅子上坐好，班長們與排長說明了抽籤的過程。籤筒旁邊有一張很大的白色佈告，上面寫著幾個五位數的號碼。籤上的號碼和佈告上的號碼互相對應。大家都不知道寫在佈告上面的號碼代表什麼意思，有人說，那些號碼是部隊單位的郵政信箱號碼，而各部隊單位需要多少人，籤筒裡就有多少支籤。

不知道哪個號碼是屬於哪個單位，我怎麼知道自己該抽哪個號碼？

四下的熱烈耳語持續了一會兒，大夥兒討論著某個號碼該是哪個單位，但是什麼都不確定。

新兵一個接一個緩緩上前，抽籤，唸出抽到的號碼，然後再把籤交給坐在桌前的班長。

終於，輪到我了。

我把手伸進籤筒，隨便挑了個籤，抽出來，上頭的號碼不是我所聽到的好籤的號碼，根據剛才的竊竊私語，這恐怕是某個外島籤。

我很生氣，對著所有人大吼：「七九〇七九！」有另外兩位弟兄也抽到七九〇七九。

這到底是哪個鳥不生蛋的地方？

□

輔導長面帶微笑，把一本棕色的大書打開，手指指著書上的某個地方。

「這是信箱號碼和軍事單位的對照表。」

我順著他的手指讀到了我抽中的籤號，七九〇七九信箱。

我看見「苗栗大坪頂」幾字。

「你知道大坪頂在哪裡嗎？」輔導長問我。

我如釋重負，覺得一身輕鬆。

以前，我因爲攝影工作的關係，去過苗栗一兩次。我記得，那次我坐著電視台的廂型車，沿著蜿蜒的道路上山，一路上都是茂密的樹林和各種蔬菜。突然，眼前閃現兩座大門，我只瞥見幾個軍人在白色哨亭前面站崗，手執步槍，步槍上了刺刀。然後又是連綿不斷的茂密森林。另一位攝影師想要拍攝那扇大門，可是我們不敢停車，深怕引起那些軍人的反對。所以，我們只是放慢車速，將鏡頭伸出窗外。即便如此，其中一位軍人還是拿著槍，跑了過來，我們立刻加速離開。那時，我怎麼想也想不到，自己會成爲那些軍人的同伴。

「洞洞兩！」輔導長的叫聲打斷了我的思緒。

我點點頭，微微一笑，心想這位仁兄救了我，讓我不致於因爲蓄意反抗軍官而被抓去關禁閉。

「報告輔導長，我知道。謝謝輔導長！」

就算大坪頂那個地方四周一片荒無，至少還在台灣，而不是海上的某個小島。

□

抽過籤的隔天早上，我們起得特別早，四點鐘起床。所有人把東西收進黃埔大背包。帶隊班長不再多說，下令第一批出發。

大頭皮鞋踏地的巨響，漸漸消逝在黑暗之中。

寢室和教室突然變得非常安靜。非常空曠，感覺很陌生。

破曉了，天色依然灰暗，天氣很冷，弟兄們等待著各自的帶隊官來帶他們下部隊。

雲隆已經跟著陸總部來的人離開了。阿水也跟其他要受教育班長訓的人一起行進，去吃早餐。我在想，自己是不是應該跟阿水一樣，去當班長。

寒風凜冽，每一道風都像冰剃刀一樣鋒利。

我看見一批新兵進來。他們還穿著便服，拿著背包，裡面裝著他們的行李。大部分的人都已經把頭髮剪了，看起來既蒼白又柔弱。

弟兄三三兩兩離開，沒多久就只剩下十多個人。

然後，一個從大坪頂來的排長到了。他戴著厚重的黑框眼鏡，看起來像個讀書人。

我、張君豪和黃鴻昌在李排長的房間裡，等那位排長簽幾份文件，簽完後，我們三個一一向過去幾個星期訓練我們的部隊長官敬禮道別。

我第一次看見李排長笑，也是最後一次。而他的微笑看起來一點兒也不像是在說：「謝天謝地，終於結束了。」他臉上的笑容，寫的是對我們表現的驕傲與信心。對我來說，這比他之前說的任何一句話都重要。

□

我們終於永遠離開關東橋了。黃埔大背包隨著我們的步伐上下晃動，我們三人跟著那個少尉排長走出大門，順著泥濘的山坡往下走，這裡還在施工，關東橋的灰白建築漸漸隱沒在翻出的土堆之後。

我們排成一列，走向新竹。

我有點訝異，一路上沒有人盯著身穿制服的我瞧。我猜，那是因為他們認定，只要是軍人，就不可能是外國人，不管長得再像都不可能。或許是因為新訓中心讓我有種軍人的感覺，再說，我戴著帽子，身上扛著黃埔大背包，跟其他士兵走在一起，我根本就絲毫不引人注意。

我喜歡這樣。

聽起來或許很奇怪，不過，我到了新訓近尾聲的時候才發現，部隊可以讓我享受到我當老百姓時所享受不到的東西。其中最重要也最讓我意外的，就是那種個人的姓名不具意義，與別人隸屬於同一個群體的感覺。在當兵之前，我從來沒有感受過像部隊所帶來的這麼強烈的感覺。這當中包含許多零零碎碎的小事。

我一來台灣，在許多對話與場合當中，我都被貶成外人，或者更慘當成怪物（「那，它到底都吃些什麼啊？」）。不管我喜不喜歡，我都被歸成某一種人。只要我說我喜歡吃什麼，別人就會認爲：「老外都喜歡吃（我喜歡吃的）那個東西。」我如果騎某個款式的機車，就會有人說：「老外都騎（我騎的）那種車。」

好玩的是，這種反應通常都發生在台灣人比較有機會遇到外國人的地方。比如說，台北有些地方，外國人比較多，但也就是在這些外國人多的地方，老外比較容易被人指指點點。那些說自己很了解外國人的台灣人，那些會講英文的台灣人，那些出過國的台灣人，甚至留過學的台灣人，反而是最強化這些刻板印象的人。或許這暗示了刻板印象大部分是正確的，但是這造成了副作用，讓我在日常生活中覺得很不舒服，甚至偶而還會造成不便。

然而，在大部分台灣人覺得應該遇不到外國人的地方，例如投票地點或拍攝小地方的電視節目時，人們反倒不會對於我的出現大驚小怪，他們多半只把我當成普通人看。我比較喜歡這樣，這讓我感覺更親近台灣，讓我更能觀察我身邊的這個社會，並且有所貢獻。

當兵，至少在這方面比起其他事情是好太多太多了。雖然我在新訓中心的時候事情太多，心情又很緊張，沒辦法多想，但是我從來沒被當成外國人看待。

唯一可能的例外，可能就是那一次，排長叫我去看管病號的槍。

□

那一次，我才進新兵訓練中心不久。

午餐之後，大雨傾盆，我們在教練場上頭奔跑、爬行、臥倒、滾進、衝鋒。有一群病號無動於衷地看著我們。我滾過一個特別深的泥水坑，覺得像在玩泥巴摔角，只不過身上多背了好幾公斤的裝備。

下午四點鐘左右，一位班長把我叫到一座小型的水泥看台上，一些長官正在開會，包括我們那位少尉排長。他肩上揹著一條深紅色的帶子。

「洞洞兩，」李排長抬頭望著我。

「有！」雖然大家都知道我是誰，但我還是舉手答有。

「你看起來好像著涼了。去那裡站著，看管病號的槍。」

「是！」我下意識地回答是。

不過我隨即心想，嗄？病號的步槍大概十支左右，整整齊齊架好擺在角落，淋不到雨，也幾乎吹不到風啊？

我持槍站好，耳朵裡聽見泥水從我身上和槍上滴落在水泥地板的聲音。我看見我那一排的弟兄在教練場上的泥濘當中爬行。

我的確著涼了。但我不曉得他們怎麼會發現，何況還是排長發現的。不過，因爲訓練的關係，腎上腺素大量分泌，我絲毫沒有發現自己著涼。而且就算著了涼，始終沒有中斷的動作也讓我的身體一直保持著溫暖，就算在泥濘當中也是暖的。

但是，全連有一半弟兄都著涼了，為什麼只有我得到特別待遇？我眞的很希望不是因為自己膚色跟別人不同。

我看著連上弟兄的身影四處奔跑，心中兩種矛盾的情緒在交戰。一方面，能夠休息不淋雨，我感覺很舒服，也很感謝；但另一方面，享受這種不公平待遇，我又心生愧疚。但感受最深的，是那種被排除在外的感覺。我以前很少有這種感覺。聽起來很蠢，我幹嘛跟大家在那邊做那些討厭的動作？但在那個時候，我對於那些在泥濘中受苦受難的弟兄幾乎感到嫉妒。

我應該也在那裡才對。

我跟自己說，我沒有理由待在這裡。要是能夠重來，我一定會跟他們說：「不，謝了，我寧願跟連上弟兄在一起。」可是，我沒得及說出這句話，部隊就已經集合了。

我最後什麼也沒說，可是連上弟兄陰暗的目光，尤其是阿水，看起來像是在譴責我（難道只是我自己良心不安？），我眞希望這種事情再也不要發生了。（後來我才知道，就在前一天，其他連有位弟兄因為著涼，發高燒暈倒，送醫急救，結果還是不治身亡。）

不過，我認為，排長讓我去看管槍枝的這件事，比較可能是因為軍官想要自保，而不像我在台北一般會遇到的那種阿諛諂媚。

在部隊裡，沒有士兵會試著跟我說英文。更沒有人以爲我不會說中文，就跟我比那種很拙的手語，或是講話講得特別慢，特別大聲，一邊直直盯著我看，好像是爲了「幫助」我能了解他們似的。我在這裡，從頭到尾受到的待遇，就跟其他新兵一模一樣。

之所以如此，可能因爲關東橋的長官對老百姓的生活不大熟悉，根本不曉得一般百姓對待老外的那種制式反應；或許，長官們只是不願意爲了一個人就改變他們的制度。不過無論如何，我都非常感謝有這個機會，能夠逃離那些只會拿刻板印象套在我身上的人。

□

想著想著，終於走到了新竹火車站。

我們搭上票價最便宜、速度最慢的車。笑死人了，這種火車竟然叫「平快」車，往南到苗栗，每一站都停。

我、君豪、鴻昌三個人並肩坐在破舊的座椅上，一言不發，望著窗外飛逝的鄉間景色。

現在，我們穿著制服走過街道或坐上火車，沒有人會多瞄我們一眼。但我相信，不管我到新單位會遇上什麼，有一件事都是肯定的。

那就是：我是一名中華民國的軍人。

5　在沒有找出你們的專長之前

台灣有很多軍營都在墳墓附近。例如我接下來所要待的這個大坪頂營地。

我們所搭的巴士離開了苗栗市區，經過了幾條街和「苗栗第一公墓」，然後就沿著山壁往上行駛，開進低垂的雲霧。

四周下起了冷冷細雨。

車子搖搖晃晃駛經過兩道軍營大門，只見一幢樓房隱在樹林裡面。巴士往前行駛了一百公尺，在第二道大門前面的崗哨停了下來。

我們下了車，走過幾戶殘破的店家，我瞄了一下店招，大部分都是軍用品店。小路的另一頭有個牌子，寫著「苗栗第二公墓」。

我們穿過一道鎖著的門，門外面的佈告欄上貼著老電影的海報，破破爛爛的。少尉帶著我們穿過走廊，沿著泥土路，經過車場，車場上停著老舊的吉普車和卡車。最後，我們終於來到營區裡頭。

我只看到一棟現代建築（後來我發現，這眞的是這裡唯一一棟「現代」建築）。這棟建築體積很大，兩層樓，呈U字型。其他的營舍都是長形的水泥建築，只有一層樓，赤褐色的尖頂，感覺像是在日據時代建的。營舍用灰色小石子做牆，牆上用噴漆寫了些莫名其妙的數字和英文字母，營舍前面有條走道，沒有護欄。就我眼睛所及，營區人不多，只有遠方有幾個穿著墨綠斗篷雨衣的人影。

營房與營房之間，有足夠的空間可供小部隊集合之用，至於營房後面則是曬衣繩。一走進營區，你一點兒也不會感覺到自己是在山頂上，我想，這就是爲什麼這個地方叫做「大坪頂」。

穿過集合場，是另一排營舍，跟剛才經過的一模一樣。那一長排營舍的另一端，在營區更深處，有個小舞台和一大塊水泥空地，差不多是集合場的三分之一。

至於我們現在所行走的方向的這一端，是一大堵紅色的水泥牆，上面寫著白色的大字：「軍令如山，軍紀似鐵。」

我們沿著牆，看見一座蔣介石的雕像，表情看起來比他大部分的雕塑和藹可親，他手裡拿著帽子作揮舞狀，面對大門。三個衛哨當中有兩個人拿的好像是M十六自動步槍，站在崗位上。

我們穿過一條馬路，又走了一小段路，才進到營區的另一區。整個營區就以馬路一分爲二。

一路上，我們三個都一言不發，只是盯著營區瞧。

□

營區這一半的景色，與另一邊大不相同。首先映入眼簾的，是一長排巨大的老樹，樹幹直徑有好幾公尺。這些樹，比營舍或其他東西更能證明這個營區早在民國三十幾年之前就蓋好了。

老樹後面是一面很大的牆，牆上寫著「忠誠連」。

通過這一排老樹之後，是籃球場和另一個小得多的集合場，集合場前面有個小司令台。穿過兩棟建築物，在長形的建築物之間，有一大塊的水泥空地、幾個集合場、幾座單槓、幾個曬衣架，還有水槽。不過，這裡的樹比草還多。

我心裡想，這裡的夏天一定很舒服，那時候天氣比較好。我是說，如果沒有軍營的話，這裡應該會不錯。

□

沉默寡言的排長帶著我們走到集合場右手邊的第三棟建築物，把我們交給一位姓譚的士官長，然後，就像來的時候一樣神秘地離開了。

譚士官長個子很矮，頭髮比我所看過的軍人都還要長，講起話來客家腔調蠻重的。苗栗這一帶有很多客家族群。有時候，聽他講話，比較困難的是怎麼保持冷靜，不要笑出來。

譚士官長發給我們每個人一張黃色的名條，上面寫著我們的名字、梯數，還有「基訓班」三個字。

「我們不是才剛剛結訓嗎？」我低聲對君豪說。君豪搖了搖頭。

譚士官長顯然聽力很好，他聽到我的問題，而且回答了：「在我們沒有找出你們的專長之前，不可能把你們隨便丟到連上。

「再說，我們還要先讓你們知道這裡到底在幹什麼才行。」

他講話的口氣一點兒也不像個軍官，讓人非常意外。

「別緊張，差不多只有一個月。相信我，等你們分發到其他單位，你們一定會想念這裡。」

他的微笑有些緊張。

未來的一年十個月，我們就要以這裡爲家了嗎？

□

開始一一認識基訓班的其他弟兄。他們大部分都是一七四六梯或一七四七梯，其中有一些是一七四五梯的。

很快就知道了營區分成東營區和西營區，西營區就是從營區大門處進來之後會先看到的那一區，而東營區則是我們現在所在的地方。比起新訓中心，現在這裡同寢室的弟兄只有二十多個，實在是種享受。

其他連如果需要幫手，或是有些粗活，自己連上弟兄不願意做，就會到基訓班找人。事實上，對有些人來說，基訓班只是下部隊之前那場「暴風雨前的寧靜」。

□

新訓中心只有幾樣東西沒教，擦皮鞋是其中之一。可能因爲他們覺得，要是眞的上了戰場，沒有必要懂得擦皮鞋；或者他們其實知道擦皮鞋很重要，只是想銼銼我們的銳氣。總之，在關東橋，除了幾次輔導長直接面授機宜之外，該怎麼樣才能把在泥巴裡出生入死的皮鞋擦得雪亮，跟面鏡子一樣，我實在一點頭緒也沒有。

我們的這個疏忽，譚士官長很就就彌補過來了。他的方法是，來幾次隨機抽查，然後，要我們把自己所有的時間都拿來擦鞋。

銅環只要用銅油擦幾下就乾淨了，可是新訓中心是不准使用銅油的，因爲以前有新兵喝銅油自殺。想要讓皮鞋閃閃發亮，需要經驗、技巧、一大堆化妝棉（謝天謝地，這玩意兒在福利社買得到），和各式各樣的鞋油。好玩的是，鞋油越便宜，我擦出來的皮鞋就越亮。這是我在用過了 Turtlewax 牌鞋油，有過幾回慘痛經驗之後學到的教訓。Turtlewax 是最貴的牌子。

□

這裡的食物比新訓中心好多了，這一點讓我感激涕零。我們還是得唱歌行進到中山堂，筷子在手上拿好，我們還是得坐直坐正，和其他一些有的沒的。不過，至少沒有人會把我們的餐盤踢掉，而且吃飯的時間也比以前長得多。

中山堂後面是塊空地，空地再往後就是懸崖。感覺像是土整塊崩了，直直往下掉。苗栗南方的山谷在懸崖下方展開，南北向的高速公路像一條晶瑩的彩帶從中間穿過，迤邐在遠方，隱約可見。那景象眞美，筆墨難以形容，我百看不厭。

□

進去沒多久，大夥兒就開始從營區另一頭努力搬石頭過來，爲的是在我們連集合場旁邊那塊空地的中央，蓋個像是沒有水的噴泉池之類的東西，用來種植物。另外，我們還得搬磚頭過來，鋪些小徑。

大部分的日子裡天氣都不好，雨水冰冷是正常的。集合的時候，不時有刺骨寒風透進我們的制服。

東營區每天都要全體集合三次，早午晚各一次，點名，並且宣布一般事項。一天從早上五點半開始，年代久遠的廣播器播放出預錄的起床號，伴隨著沙沙的雜音。音樂一開始的雜音其實就會把我們吵醒，不過，正式的起床號才算數。

在這個營區升旗的感覺跟在新訓中心完全不一樣。在這裡，國旗被從不停歇的風吹得筆直，小小的司令台大概有兩部車大小，有屋頂。國旗升上司令台的屋頂，從擴音器裡播出來的曲子，包括我聽過最感人的交響樂團版的中華民國國歌，感覺都變成像是三○或四○年代的曲子，但倒也不像我們在關東橋聽到的那種合成音樂，那裡的音樂聽起來感覺比較廉價，而且太過開心。總之，這種老老的感覺跟這個地方倒是蠻合的。

營上這些二層樓的老房子，石頭屋頂，木頭懸樑，全是老一輩的東西。而我們身上穿的制服，也是代代相傳了幾十年，草綠服有五〇年代的風格，帽子上面有個小小的國徽。尤其我剛來的時候，常常忍不住覺得大坪頂可能從民國三十八年起就凍結在時光裡了。

整個早上，我們要不是搬石頭和磚塊就是清理槍枝，或是學習槍砲的各個部分，中午，午餐過後可以睡個午覺。午休之後，我們有所謂的「午查」，也就是下午的檢查。下午的工作分量通常比較重。到了下午四點鐘左右，我們換上體育服，再去跑步。如果士官長心情不錯，跑完之後，我們可以在集合場上打棒球。晚上，集合場通常會點燈，所有的程序又會重來一遍。

就寢之前的時間，我們都是坐在寢室的床上，擦皮鞋或銅環。

排長的房間就在我們寢室盡頭。不過，他幾乎不跟我們講話，連我們向他打招呼，他也不理不睬。

□

對營區逐漸熟悉之後，知道誰在哪裡做些什麼。這時候，沒去外島當兵的慶幸漸漸消失，大家開始擔心起自己到底最後會分到哪個單位。

我們三個一七四八梯的兵，在剛剛入營沒多久就被叫去東營區的另一頭，營上所有的軍官都在那裡。他們問我們會做哪些文書工作。

我的英文打字又好又快，但是要我不靠電腦打中文或認中文字，可就遠遠超過我的負荷。我是個左撇子，寫出來的字，無論是中文、英文還是其他語言，都很難看。我在懷特小學（Edward H. White）三年級上蘇麗雯老師（Mrs. Sullivan）的課的時候，實在都不算眞的做過家庭作業，我只是把手寫練習本塡滿而已。後來，我乾脆完全放棄手寫。電腦文書系統的發明眞是老天爺送來的禮物，不過那時候的大坪頂顯然還沒進入電腦時代。

而營上根本用不到英文；所以，我在這方面的能力完全派不上用場。然而，君豪和鴻昌對於文書工作顯然相當嫻熟，肯定可以找到差事。至於另外一個傢伙，則是直接被帶出寢室，送去當三二六旅的旅長傳令。大家都猜，他一定是事前就動用關係才能當上傳令。

另一個大家都想要的缺，是在師部。那裡，李將軍是老大。所有的軍官在師部都有辦公室，那些分發到師部的士兵，吃得最好，可以常跑其他營區，還有很多聚會，需要他們去買買飲料，或是搬搬椅子。

還有一個神秘的缺在三二五獨立旅，就在台中附近一個名叫大甲的小鎮上。關於那裡的情況，眾說紛云。有人說，在那裡當兵活像在地獄，訓練份量很重，而且勞動很多。但也有人說，那裡是懶兵的天堂，通常沒事可做，而且常常休假。

至於大坪頂這裡呢，有兩個缺是沒有人要的。第一個是通訊連。分發到通訊連的兵，可以學到如何穿著重裝備，爬電線桿，如何架設臨時通訊站和打旗語等等。我們不常看到通訊連的人，不過謠言足以讓我們心生恐懼。

另一個人人避之唯恐不及的地方，就是警衛連。警衛連裡看不到有人閒晃，共有一百五十多個弟兄。這個連不但包辦了東營區所有的衛哨勤務，還得負責不少西營區的衛勤。我聽說，警衛連都撿別連剩下的軍人，那些沒有一技之長的，會惹麻煩的，現在和過去在混幫派的，還有嚼檳榔的兇神惡煞。其他連不想要的兵，統統丟給警衛連。這蠻有道理的，這些人還是平民百姓的時候，有人身上刺了青，有人公然攜帶武器——你想，有誰比他們這些恐怖份子更適合當警衛？

有一天晚上，我和君豪一起在站衛勤，我們聊了起來，不過聲音很小，其他人聽不到。我們站在漆黑的寢室外頭的走道上。

「你有沒有想要簽下去啊？」

「簽什麼？」我回答。

「簽三年半啊！」

「你瘋啦，誰會簽哪！」我說，心想他是在開玩笑。然而，我在黑暗中看見君豪的表情，我發現，他是說眞的。

「其實那還不壞。」他語帶猶豫，但也透出一股熱切：「只不過是多當個幾年兵，你可以當少尉，自己選分發的地方，離開的時候又能存下一大筆錢。」

我不知道可以升官，也不知道可以存錢。但我知道可以轉服役這件事。可是我從來沒有認眞考慮過。現在聽來，我覺得這個主意的確不壞。

「聽起來蠻吸引人的，」我說：「可是，話說回來，你把時間犧牲在部隊裡，而同樣的時間裡你在外面可以賺多少錢？再說，你已經在文書部門佔到好缺了。還有你離開家人的時間……你想值得嗎？」

「我不知道，我正在想。我可能會找人談談。」

我看得出來，對他來說，這不是輕易就能做出決定的事。

「謹慎一點，」我提醒他：「你已經有個涼缺，又不是在外島當兵，你只不過是打打字，做做其他輕鬆的鳥事。我覺得，你已經過得不錯了。」我暗暗希望，自己的語氣不要透露出我心中的羨慕。

「我知道。」

□

在基訓班，我們偶爾可以放假。有時候，假如我們事情已經做完，而譚士官長心情又很好的話，他就會在星期六下午兩三點讓我們走人，不必等到六點，也就是正式休假的時間。走出東側門之前（正門只能公事進出），必須確定自己的頭髮夠短，指甲修剪乾淨，服儀整齊，否則側門的憲兵就會記你缺失，影響你以後的休假。

離開部隊，感覺就像離開碼頭，航向另一個世界。

我坐上老舊的巴士，下山朝苗栗前進，一路上搖搖晃晃，感覺就像在坐雲霄飛車。這時候，我總是會感覺到一陣狂喜——轉眼之間，我就自由了；想做什麼就做什麼，唯一的限制只在於身上的錢夠不夠用。儘管如此，光是能在我想吃東西的時候吃我想吃的東西，或者隨興之所至任意漫步，要走多久就走多久，這些簡單的事情就能讓我高興個老半天。

比起山上那些乾巴巴的店面，苗栗市看起來就像個繁華的都市；而台北的晚上那種霓虹璀璨的繽紛光彩，簡直就是天堂。真的很奇怪，我回到台北火車站的時候，看著那昏暗的大廳，聽著鼻音很重的女生報出站列車的聲音迴盪在大廳裡，我感覺是那麼充滿希望。

有件事，我在休假的時候特別想做，那就是看電影。

看電影對我來說是一種解脫，讓我脫離日常生活以及生活當中的壓力。尤其現在我人在部隊，更是如此。我會注意所有上檔的新片和它們的上映日期，並且記在筆記本裡，等到休假就有希望去看這些電影。我通常都到台北去看。苗栗只有一家電影院，房子很舊，有台老舊的放映機，一次只播一部舊片，放映品質最好的時候也都是模糊的，聲音則完全沒有（不過這沒關係，因為所有的電影，不分國片洋片都有中文字幕）。後來，我們可以到營上的老戲院看電影，但是往往只看到四分之三，就會被叫回連部。

休假的時候，我偶爾會跑去待三溫暖，或是「國軍英雄館」。英雄館的住宿費非常便宜，房間裡面只有最基本的設備，以一百五十元到兩百元的價格，提供休假軍人住宿。台灣所有的大城市裡都至少有一座國軍英雄館，有些小城市也有英雄館。我通常都會趁休假的時候，跑去吃一些我在營上吃不到的東西，至於晚上則偶爾會去酒吧坐坐。自從當兵以來，我花的錢比賺的還多，於是就開始吃老本，花我過去有工作時所存下的錢。

一開始，我覺得自己好像變成了兩個人。當我跟其他老外一樣，坐在台北的知名酒吧裡頭的時候，我實在很難相信，自己隔天又要穿上中華民國陸軍的制服。我花了好幾個月的時間，才適應這種奇怪的人格分裂。

不過，每次收假歸營，我的心情都非常沮喪，因為我永遠不知道下次休假會是什麼時候。

□

基訓班的任務之一是支援其他連，通常都是供人使喚，或是其他連的人力不足時前去幫忙。我們在大坪頂待了三個星期多，其中大部分人就被叫去三二四旅，也就是在路的另一頭，協助他們準備「教召」。

要辦教召的時候，後備軍人會回到營區來接受訓練；萬一中國大陸發動攻擊，後備軍人隨時待命。所有軍人退伍之後，都自動成為後備軍人，直到四十五歲除役為止。每一個台灣男人一生中起碼要遇到一次教召。教召與「點召」不同，教召每次為期一個星期，「點召」只有一天，不過，點召的次數比較多。

不用說，營上負責「教召」就意味著，我們要幫後備軍人準備寢室、裝備和教材，再把舊制服找出來給他們穿，清洗餐盤，畫標語，還有其他事情，以迎接他們的到來。唯一的問題是，我得了感冒，一直好不了。

在部隊裡，感冒是件「小事」，大家都不以為意。就算感冒了，還是要做體能，還是要照長官指示在寒風中立正站好，長官叫你穿什麼你就得穿什麼，晚上還是要站衛勤。

可是這陣子天氣實在太冷了，寒風像把利刃，直直穿透我們的制服。沒有入伍當兵的時候，我的感冒只要休息個一兩天，多喝點水就會好多了，但在部隊裡頭卻立刻轉變成嚴重的扁桃腺炎和支氣管炎。

所以，等我們走到三二四旅，我感覺自己快要昏倒了。我們站在集合場上，我的身體迎風擺動，馬上有人發現我狀況不妙。我病得太厲害了，什麼忙也幫不上，於是有位伍長就把我帶到醫療站去。穿過集合場的時候，我們遇到幾個憲兵，他們認得那位伍長。正當憲兵準備記我缺失，理由是我皮鞋擦得不夠亮的時候，伍長突然大聲說道：「拜託，你們就放他一馬吧，他生病了！」

這招竟然奏效了！

但我已經病得沒力氣驚訝了。

我們到了醫療站，裡頭陰森森的，只有一盞微弱的日光燈，剛好照亮四個牆角上的蜘蛛網。

醫官給了我一些藥，叫我多休息。由於我被調到了三二四旅支援，所以我不能回基訓班。於是他們帶我回到西營區裡我們臨時的寢室。

我倒在床上，一動也不動了好幾天，全身發著高燒。這幾天裡，我會不時昏厥過去，醒來就咳嗽，咳出很大團的血塊。其他阿兵哥則是在附近忙進忙出，把東西搬進搬出，對我完全不理不睬。

這眞是我人生的低潮。

八十五年四月×日

這眞是我人生的低潮。天氣糟透了，我沒有朋友。張君豪和黃鴻昌已經去當文書了，身體又非常非常不舒服，而其他人完全無視於我的存在。

常常聽見旅長罵人。聽說有人叫他「熊貓旅長」，因爲他臉上有兩個黑眼圈。我常聽見他在那裡大吼大叫，罵東罵西，挑剔教召籌備工作的細節。我人在部隊裡頭，身邊都是人，完全沒有隱私，可是我覺得非常孤單。

前幾天晚上，我硬撐著走到房子另一頭去上廁所。看到小便斗上面貼了一張褪色的紙條，上面的小字好像寫著：「有事想要傾吐嗎?請打234—109。」

我心想，管他的，於是，在回寢室的路上，我走到公共電話前面，撥了那個號碼。

「政戰室!」聲音從電話的另一頭傳來。

「喂，」我說。我不知道還要說什麼。

「你需要幫忙嗎？」

「嗯。我病得很厲害，心情又很糟。」我解釋：「我剛來這裡……嗯，我看到廁所裡貼的紙條，就打電話給你了。」

「你現在人在哪裡？」電話那一頭的人問。我就跟他說了。他說，他現在沒什麼事，可以過來找我。

我有氣無力地答應了；這時候我已經沒力氣站著了，於是，我回到大大的寢室，躺在床上。

結果，在政戰室接電話的那個人是個少尉，從北投政戰學校畢業，大部分的輔導長都是從那裡出來的。他們就連外表都有點像，個子不高，看起來像讀書人。他是這個星期以來第一個跟我說話的人。

我們只聊了不到一個小時，但我很高興有人可以說說話。

我忘了我們都談些什麼，不過我記得他就坐在我的床旁邊，走道上微弱的燈光從鋁門透了進來。

不知道是不是因爲他的緣故，但我的病情可以說是馬上好轉。同時，天氣也漸漸變好了。

早上我醒來，發現陽光穿過房門射了進來，我走到廁所，營區看起來眞的好美。下了幾個星期的雨，現在，綠草在陽光下閃閃發光。

6 無聊的日子，特殊的兄弟

病了一場，支援教召的任務也結束之後，我返回基訓連。差不多是要下部隊的時候了。

這時，譚士官長已經把我們各自分發的單位寫妥、封好了。職缺當然是各式各樣，兩個最大的「火坑」是通訊連和警衛連。因為他們需要的活人最多。結果，有四五位弟兄到通訊連，而分發到警衛連的人，包括了李光明（這在意料之中）、陳仁達和另外四個弟兄，以及我。

我一開始以爲這是在開玩笑。但譚士官長和排長一口咬定，說我就是被派到警衛連沒錯。

我想，可能我給其他人的印象是我不太合群，所以長官傳令或是文書之類的工作都不適合我。我常常盯著別人看，也沒什麼笑容，譚士官長他們一定以爲我很冷漠，大概是個心懷不滿的反社會份子。所以，他們才會把我分配到一個反社會份子應該去的單位。

□

警衛連負責所有的衛哨勤務，我們這個警衛連就是爲了站衛勤而存在的。

我們跑步，練習刀法，射擊，刺槍和徒手搏擊，都是爲了把衛哨站好。警衛連之前一直都是營上的「精誠連」，因爲警衛連爲了出特別任務，訓練特別嚴格，份量特別重。因此，老兵總是特別洋洋得意，遇到比他們資淺的人的時候尤其囂張。

□

我去站彈藥庫的時候，有時候會跟一個老兵一起站，這個老兵的舉止很奇怪，我常

民國八十五年五月六日

生活劄記：啊！啊！啊……！天啊，我在警衛連了。其實，警衛連並沒有我本來想像的那麼可怕，不過，也不能說是一個非常好的地方。可是沒辦法，這邊又不能寫我真正的感覺是如何。裡面的學長大部分都不錯，也不會對我怎麼樣（……）要做蠻多不想做的事情，但是軍隊就是這樣。這邊的軍官滿兇，常常會生我們的氣。很多方面來說，警衛連跟中心一樣，只是中心是一個月而已……

主官（管）查閱意見

可以利用空閒的時候找輔導長聊聊。

常看到他彎著腰對著排水溝的鐵架子，顯然是在跟鐵架子講話。我看他這麼做了幾次之後，就問他是在跟誰講話。

「好兄弟。」他說。

所謂好兄弟，就是鬼。在我們營區裡的鬼，多半都是死掉的軍人。這個老兵非常認眞，相信眞的有鬼，但我對此有點懷疑。因此，他在跟「好兄弟」講話的時候，我都會站得離他遠遠的。

師部彈藥庫離大馬路有一段距離，所以相當安靜，感覺起來不只是陰森森的，而是非常恐怖。唯一聽得到的聲音，就只有車子呼嘯而過的聲音和其他哨兵小心敲打鐵條打訊號的鏗鏘聲。

白天的時候，師部門口是由憲兵站哨，他們會用華麗的上下哨儀式來讓在師部工作的高階軍官印象深刻。可是一到晚上，這裡靜得要命，而且有人說會鬧鬼。鬼故事在寢室裡四處流傳，我們常常坐在自己的床位上，一邊擦著皮鞋銅環，一邊聽鬼故事。晚上，師部只有一個哨，哨兵不用帶槍，也不用戴鋼盔，而是戴小帽，拿警棍。

我自己在營區上上下下從來沒見過鬼，但是那種氣氛就足以讓人嚇得魂飛魄散。我想，之所以有鬧鬼的傳聞，最主要是因為那些莫名其妙的聲音。

風聲聽起來就像有人在低吼，讓人覺得很緊張，再加上樹葉婆娑，聽起來就像有人嘆氣、低語或腳步聲之類的。在死寂的夜裡站衛勤，這些聲響會讓站哨的那兩個小時感覺好久好久，讓你神經緊繃得都要爆炸了。就算是不起風的時候，房子也會吱嘎作響，雖然樓裡沒人，但我就是聽到門開開關關的聲音。怪不得他們老是讓菜鳥站這裡。

我試著不去管師部大樓的鬼影幢幢。

□

我決定採取行動。

前次休假外出的時候，我買了一台小型調頻收音機和一對便宜的耳機，然後把其中一個耳機頭切掉。

回營之後，有一天輪到我站師部，安全士官把我叫醒之後，我就把耳機塞進口袋，並且藏了一個耳機頭在領子裡。

在山上，大部分的電台收訊都不怎麼清楚，不過那時有個電台在全台灣都聽得很清生活罰記：心得、心得、心心心心心心得得得得得得得。
我一個小小小小小小小小小的士兵，阿兵哥怎麼會有心得這麼進化的東東呢？。
哈哈。。。天氣熱熱的了！。謝天謝地，但日兵越了又到了甚麼了。。。

主官（管）查閱意見

精神上的痛苦，莫過於生活失常；物質上的痛苦，莫過於借債無度。

楚，那就是國際社區廣播電台，ICRT。ICRT是台灣唯一的英語廣播電台，而且那時候ICRT仍然可以使用軍事發訊器，因爲這家電台的前身是美軍駐台時的美軍電台。

我在師部站哨的時候，只要聽見怪聲，我就打開收音機，把耳機頭塞進耳朵，這時ICRT元老DJ朗・史都華（Ron Stuart）的聲音就會出現在我耳朵旁，在那裡扯著破鑼嗓子大喊：「Happy Birthday」，祝福那些個不知道置身何處的可憐聽眾。

靠著朗・史都華的怪吼怪叫就可以把鬼趕走了。

□

我慢慢適應夏天的炎熱，熱氣眞是無止無盡，站哨的時候感覺就像快被煮熟了，晚上睡覺的時候，睡在蚊帳裡常常滿身是汗。

我們幾個菜鳥慢慢跟上了警衛連的步調。我們學會了要在鋼盔裡面塞什麼樣的泡

綿，鋼盔才不會磨得我們頭皮發疼，我們知道哪個牌子的鞋油最好，而又該怎麼睡覺才能在早上立刻起床，快速把軍毯摺好。

同時，我也多認識了一些弟兄。軍隊眞正是社會的縮影，在這裡可以認識到三教九流的人。

比如有個黃明吉，他是從鄉下來的，個子壯壯的，雖然是一七三九梯的學長，卻對誰都很和氣，就連菜鳥也不例外。我印象中，只有他從來沒對誰或對什麼事發過脾氣。我想，可能就是因爲這樣，我和他成了好朋友，兩個人在晚上就寢之前，只要有空就常常會聊聊天。

還有個林宏吉，是個名副其實的鄉下土包子。賀伯颱風襲台的那幾天，他就只待在寢室裡頭挖竹筒撲滿裡面的錢；有一回，他休假未歸，結果他是待在家裡等著被捉去關禁閉。這人幾乎只講台語。

我後來發現，在部隊裡，相對於國語，台語在某些對話場合裡有特殊的功用。國語是「官方」語言，下命令或處理「檯面上」的事情的時候，都用國語；而只要是「私底下」或檯面下的事，就會用台語，通常都是彼此之間私下的對話。集合的時候，假如有

民國八十五年六月五日

生活劄記：I GIVE UP.

算了。做好或不好，不知為什麼被罵。算了，你要就好，反正這兩年我是你的。再怎樣不能當一個好兵。如果不能當一個好兵，只能做看起來很快樂的兵。如果用腦子下去的話一定會BOOM！管他。今天本來可以出去，以後我看就沒有機會，因為我是全連最爛的兵，最爛的人。無法好起來就算了。SCREW IT。我很快樂。

主官（管）查閱意見

不要如此認爲。從學習如何「肯定自己」的過程中成長茁壯，加油。

人有話想跟長官私下講，就會用台語，表示「嘿，這才是我眞正的想法」，而不像用國語的時候說的是「表面上」的感覺。

我在部隊裡學了不少台語，不過，老實說，其中很多都是罵人的話。我在當兵之前就知道那句名聞遐邇的「三字經」了：幹你娘。但是我要到進了部隊以後才學到這句話的不同版本和各種變化：有時候是五個字，有時甚至還會用到八個字，把對方母親的細節講得更清楚。

□

我們警衛連有個弟兄是印尼移民，他叫鄭世偉。他沒有跟我說過他爲什麼要移民到台灣，但話說回來，我自己也很難解釋我當初爲什麼想成爲台灣公民。所以我能了解他爲什麼不喜歡談這件事。

每年都有幾千名東南亞的人移民到台灣來，這些人如果達到了服役年齡就得入伍，成爲中華民國國軍的一員。我以前聽說，有很多西方移民（例如美國人和加拿大人）向台灣當局抗議，他們覺得，必須放棄原國籍才能成爲中華民國國民的這項規定是很不合理的做法，因爲放棄西方國家的護照顯然要比放棄東南亞國家護照難得多了。他們還說，西方移民在台灣不應該入伍服役。

世偉對我很好，連上只有他和少數幾位弟兄幫著我適應警衛連的生活。他比誰都了解我身爲外國人的感覺。我問他會不會跟我一樣，有時候覺得自己在這裡是個外人。他承認，他有時候也覺得這裡的體制並不是那麼公平。他去參加教育班長訓，結果因爲他是外國人，沒幾天就被送回來了。不過，他跟其他弟兄都處得蠻好的，甚至還當過機動班。機動班的士兵必須隨時處於備戰狀態，還得跟憲兵一起站大門。

□

還有一位弟兄，叫王文凱，他雖然跟我們一樣菜，卻老想佔人便宜，而且盡做些奇怪的事。他總是髒兮兮的，不會照顧自己，又常常向人借錢。然後，每天晚上就寢前，他都會坐在他上舖的床位，磨搓他的腳，而他的碎腳皮屑就會像雪花一樣從天而降。

有一天，我們在行政大樓擦玻璃，我站在梯子上，他竟然威脅我要我借錢給他，他用力搖我，害我的手撞破玻璃。後來班長過來問發生了什麼事，我才要開口解釋，王文

右邊那個人，就是我提到的印尼移民鄭世偉。

凱竟然像大人罵小孩一樣叫我「惦惦」（台語發音，意思是「閉嘴」）。不用說，我根本不用他。結果，他因為恐嚇我，被吼了一頓。我們都用台灣話叫他「度咕」（台語發音，意思是「打瞌睡」），因為他看起來總是一副半夢半醒的模樣。

有一回，我們在五百障礙場旁邊的地下工事裡做毒氣攻擊演練。我們一次幾個人分批走進障礙場上的一個小房間，在半黑的房間裡等著。唯一的亮光，從上漆的窗玻璃缺口透進來。這時候，催淚瓦斯灌進房間裡。我們趕緊戴上防毒面具。

我左右張望，想看看其他人都在做什麼，一邊等門打開。

這時，竟然有人用擴音器下令，要我們把面具脫下來！我心想，嗄？啥米！但我還是照做了。

我把眼睛閉得緊緊的，試著不要吸進毒氣，然而我還是聞得到味道。

這樣過了一分鐘左右，我們獲准重新戴上防毒面具，把面罩裡殘餘的毒氣呼出去，然後開始正常呼吸。同樣的動作，我們反覆了幾次。

訓練結束，一眼就可以看出哪些人懂得使用防毒面具，誰不會用。不用說，王文凱的狀況最慘。他從小房間裡走出來的時候，簡直不成人形。我們花了好一會兒才幫他清理乾淨，然後才整隊回到連上。

□

有一天收假回來，我們發現有個二兵弟兄躺在床上，頭上綁著繃帶。他姓宋，各方面都很普通，我對他完全不熟。看他這副模樣，顯然是在苗栗跟什麼狠角色槓上了，結果被對方毒打了一頓。他過了好久才康復。

在部隊裡，只要你入伍了，就算身體受傷，想要出營也非常困難。就算提出了申請，等到所有手續完成，你可能都已經退伍了。再說，有許多家庭因爲不了解相關規定，根本就不知道可以申請讓自己受傷的子女退伍回家。我想，這是因爲很多阿兵哥就算傷得很輕，也都想趁機退伍，有人甚至會假裝受傷，這種人甚至比眞正的傷兵還多，所以除非情況眞的非常嚴重，非管不可，否則軍方對於這些申請全都抱持懷疑的態度來處理。萬一有士兵在訓練中發生意外，全身上下三級灼傷的部分超過百分之七十，並且因此上了好幾家電視台的新聞，這一類的狀況軍方就會處理。

我覺得，宋始終沒有完全康復，一直到退伍都像個破破爛爛的洋娃娃，又虛弱又疲

民國八十五年六月十日

生活劄記：我認為軍中跟學校一樣，目的是學會做人，怎麼去做好人，怎麼在這個社會裡面跟別人一起生存。這個機會在本來的社會不見得會有，因為在外面大家都很小心，怕得罪別人。在軍中兄弟們都生活在一起，長官也不怕得罪人，所以真正的人際關係就出現了。

好久沒有出去，兩個多星期了。一定要去台北拿信。不知道時間夠不夠用。新的連長要來了，希望他是好人。不好的連長，麻煩你等我老了或退伍後再來。開玩笑的。我很想念我的電腦。可以跟全世界說話了。樂！

主官（管）查閱意見

用休假好好安排自己的活動。

憊。後來他在連上再也沒做過體能，只能吃飯和集合。老實說，我每次看到他都會連想到一隻病貓，老是靠在人的身上磨來磨去，喵喵喵叫不停，想要引人注意。

□

過了幾個星期，有一天有個生面孔來到我們警衛連上。他是一個回役兵，皮膚黝黑，穿著舊式的草綠服，衣服灰撲撲的沾滿了土。後來我們得知，這人剛從軍事監獄（明德班）出來，要在警衛連待到退伍。他姓張。吃午飯的時候，我和他聊了一下，感覺他是個不錯的傢伙，可以當朋友。他說，我們兩個下次可以一起排休假。我告訴他，在營上有什麼需要儘管問我。

可是，過了一陣子，他在這裡熟了之後，就開始囂張了。當然這又是梯次惹的禍。他比連上所有人都還要早幾年入伍，所以他覺得自己比誰都大，而且他覺得，他在牢裡頭受的苦都是我們欠他的。更誇張的是，大部分弟兄的看法竟然跟他一樣。我想，他犯了罪被抓去坐牢的這件事，反而「提升」了他的地位，因爲大家對他除了尊敬，還多了一分恐懼。

八十五年七月×日

時光飛逝，每天都有做不完的事和睡不飽的覺。不知不覺，幾個月就過去了，而且要換新制服了。

我們陸軍要從六〇年代的草綠服，換成比較現代，同時據稱也比較實用的迷彩服。草綠服也差不多該換了，用了幾十年下來，式樣也是添添補補。

新的迷彩服聽說可以躲過紅外線偵測，甚至還使用了高科技發明，例如隱藏鈕釦，另外還可以把袖子往上捲，固定在肩帶上，這樣一來，同一套制服就可以冬夏兩用，而不再像之前需要設計長袖和短袖兩套制服。

新制服的上衣不用紮進褲子，換句話說，我們那光澤黯淡傷痕累累的銅環就比較不會引人注目了（不過，服裝檢查的時候，還是要檢查銅環）。之前，繡在帽子上的藍白色國民黨徽是塑膠做的，現在則改成繡章。其實這樣比較好，因爲以前那種塑膠黨徽很容易掉落。

現在，看大家穿著乾乾淨淨的嶄新制服，感覺很奇怪。我們這個師是最先領到新制服的單位之一，新兵或是從其他營區過來的軍人，來的時候都還是穿著舊制服，他們必須在這裡換裝。

我們忙著適應新制服，而且也換了新的連長。

連長交接要舉行交接典禮，因爲我有攝影經驗，所以上面就叫我負責照相。交接典禮在連集合場舉行。這是我第一次獲准帶照相機到營上，所以，我趁機多拍了不少典禮的照片，全都是無關緊要的。我在典禮的時候拍，沒事的時候也拍，這讓我有機會在自己所在的這個奇特的世界裡捕捉影像，留下具體的證據。

等這一切結束之後，我就能用這些相片跟外人也跟自己證明，我眞的曾經經歷過這樣的生活。

他在我們連上沒站過衛勤。一次都沒有。讓有前科的人拿武器是很不保險的事。但我對這個人並沒有特別留心。

直到有天早上，我們在執行每天例行的工作，清掃連集合場四周的馬路和雜草。我的心情很壞，就拿起竹掃把拍打寢室的外牆，結果被他看見了，他就威脅說要打我。

「你要我扁你一頓嗎？」他說。

我有點吃驚，但我沒心情理他，所以我就回他的話：「你想再回牢裡嗎？」

聽到我的回答，他顯然很不爽，因爲那天中午吃飯的時候，他要我吃完飯就換上全副武裝，找他報到，接受處罰。

「喂，」我跟他說：「我不知道你之前是怎麼樣，不過在這裡，我不用聽你命令，你得習慣，聽到沒有？」

要是表情可以殺人的話，我現在就不會在這裡了。當然他知道他不能拿我怎麼辦。至少在法律的範圍之內他對我沒輒。不過這並沒有阻止他以後不再找我麻煩。

眞正讓我難過的是，我原本以爲他是個朋友。所以，此後對他，我能閃就閃。我這麼對待他，嚴重動搖了原先既定的階級架構。因爲我不肯服從體制，使得大家原本對我抱持的敬意消失殆盡。但我的態度非常堅決。假如他是長官或學長那就算了，可是他竟然比眞的學長還囂張。況且本來就沒有什麼規定要我非聽他的話不可。

我決定，以後不管發生什麼事，我都再也不要鳥他。

□

八月二十六日，我下部隊正好滿半年，正式升格爲一兵。

這季節的晚上熱得要命，只能穿著汗衫內褲躺在床上。

沒多久，連上重新調整床位。我和其他二、三十個弟兄就被調到營區後面的寢室。那裡其實是九營的地盤。

好的一面是：原本空空蕩蕩的狹長寢室裡只有幾張鋁床，有人把剩下的一半鋁床搬過來，住起來舒服多了。

壞的一面是，新寢室離連集合場最遠，所以遇到集合的時候，我們得跑得飛快。而下雨的日子，無論集合、上廁所或去洗澡，我們都得淋雨。

還沒完。

剛升上一兵。

臭。

王文凱睡在我上舖，所以，每天晚上，我的上方就會飄下腳皮屑雪，以及陣陣的體

7　旅部連的卡拉ＯＫ室

新調來的師長楊天嘯將軍，戴眼鏡，個子比以前的李師長小，看起來也比較蒼白。他上任後的新政策之一，就是取消過去幾任師長定下的環境美化工程。於是，我們剛到營上的時候花了好大功夫做起來的水泥花台，現在基訓班的新進弟兄又得花上同樣的時間把花台清掉。

待在軍中，就是會遇到這類的事。做好了，然後拆掉；期待了，然後落空。就像我本來以爲自己可以調去旅部連，結果沒有；後來以爲可以去受教育班長訓，最後也沒有。

民國八十五年十月二十一日

生活劄記：

我還在警衛連。我很快樂。

主官（管）查閱意見

□

事情是這樣的：

有一天，我在彈藥庫站哨時，三二四旅的旅長樓梯上校迎面走來，問我過得如何。我向他敬禮，回答說：「報告旅長，還、還、還不錯。」他說了好些話，說他去過美國，會講一點英文，但一直沒有機會練習。

「你想不想調到三二四旅旅部連啊？」他問我。

我愣了愣，思緒紊亂。我聽過別人描述旅部連的輕鬆，我當然想調到旅部連。但我很矛盾，我雖然習慣了警衛連的站夜哨，也喜歡袍澤之情，連戰鬥訓練都覺得有趣，卻對於梯次制度不敢恭維，再說，身邊都是些流氓的感覺實在不怎麼樣。假如能換一個連，說不定生活會更有趣……

「報告旅長我想，呃，我想去。」我答道。

「太好了，剩下的我去處理。」旅長說完，就大步離開了。

我不知道這是好是壞。我並沒有像別人那樣靠關係，但是外人說不定會這樣講。我不免也會猜想，是不是因爲我是外國人才有這個機會？我當然不希望自己享受什麼特別待遇，但我倒也不想拒絕掉送上眼前的好事。

可是，過幾天，一位已經升爲士官的兄弟告訴我一個天大的消息。

「你知道嗎，他們要把你送到后里去受教育班長訓耶。」他說話的語調，好像聽到什麼天災人禍的樣子。

「不可能吧？」我答道，心頭一陣天旋地轉。我？去當教育班長？我心想，難道是那個當初把我放進警衛連的傢伙又在搞鬼嗎？

結果，沒錯，我的名字的確出現在這份名單上。面對這樣的發展，我又一次調整心情與想法，在接下來的那次休假，開始預作準備。我擔心訓練一定很苦，但是我一直希望自己能成爲班長，既然必須受訓才能當上班長，我就要去受訓。

然而，休完假回營，又有人告訴我說，我的名字已經從名單上刪掉了。沒有任何解釋。我不能去了。沒有人知道爲什麼。上頭說的。

最後，我的名字反而出現在士官訓的名單上，受訓地點就是我們半年前受基本訓的地方。我有種受騙的感覺，也很沮喪。

於是，我轉念想想，這樣其實也不錯，不用去受辛苦的教育班長訓，每個月也可以多領幾千元的薪水，而且休假比較多。

可是沒多久我又發現，我還是沒有被安排去受文書士官訓。

我安慰自己說，如果我眞的想當兵，就不要貪圖當士官的舒服日子。但我知道，我這只是吃不到葡萄說葡萄酸。我心裡並沒有完全釋懷。

就這樣，幾番轉折，我最後只能升上個伍長，待在原處。

□

在福利社隔壁的康樂廳，我們舉辦了小小的畢業典禮和晉升儀式。

「林道明！」楊師長校閱部隊完畢，喊了我的名字。

「有！」

「由你把全連帶到外面，解散部隊。」

我跑上前，立定，敬禮，然後向後轉，面向兄弟們：「全連聽口令，立正！稍息！立正！敬禮！」

全連向楊師長敬禮。

我向後轉，向連上弟兄喊：「全連外面集合！」

我知道我應該自己把部隊帶到外面，但是因爲我很緊張，不想麻煩自己帶著幾十位弟兄穿過椅子迷陣走到門口，所以要大家到外面集合。

走出了康樂廳，我就升成了伍長，有了新的階級和多一點的薪水。

□

我們很久很久才會學習一首新的軍歌，但是一有新歌要學，就必須馬上把歌詞記熟，才能在行進集合的時候唱，給師長一個好印象。

絕大多數的軍歌都是進行曲——可是，有一天早上我聽到擴音器傳出一首歌，旋律非常優美，我大吃一驚。這首歌是這麼唱的：

一鉤彎月，萬點繁星

無垠的錦繡大地

生活劄記：

我在警衛連，真的很快樂。

主官（管）查閱意見

多寫自己的心得。

中尉副連長　何XX

民國八十六年一月二十日

就是我的夜空
一襲戎裝，萬世英名
無盡的歷史責任
願與河山共榮
偶然間遠處越過
小小的流螢
那閃爍亮麗的生命
啓發了戰鬥心靈
我願化做天邊的流星
飛躍那滾滾海峽
爲國家帶來光明
爲國家帶來光……明！

這是我聽過最優美最動人的一首軍歌，每次回想起來，我都還會不由得脊椎骨一陣顫慄。眞不知道這首歌怎麼會變成部隊的進行曲。

□

一營的輔導長——他是個少校——打算做一支錄影帶，準備在幾個月後的墾親會上向士兵們的家屬介紹我們營區。於是我暫時被調到三二四旅的一營幫忙製作錄影帶。營輔導長是個急性子，很想把節目做得非常具有娛樂效果。他要把錄影帶拍成一個簡短的故事，描述一個年輕小老百姓收到入伍令，很煩惱，於是他父母就安慰他。

飾演爸媽的老先生和老太太是營輔導長認識的人，演小夥子的則是個阿兵哥，不知道是誰選來的。我們拍攝他坐在客廳裡頭打著電動玩具，這時他那位稍嫌「過老」的父親手拿兵役通知單走上前；小夥子非常沮喪；接著，我們用錄影帶的內容告訴大家，在大坪頂過的生活有多好，最後鏡頭轉到那個小夥子，他剛剛退伍，走在兩排鼓掌歡呼的士兵中間，而他的「爸媽」正在大門等他。小夥子投入雙親的懷抱，之後，三個人便一起搭車揚長而去。

這當然不能說是誤導。這一切都是爲了要緩和大眾的憂慮，因爲事實上的確有若干比例的年輕人入了伍就一去不回，所以民眾會覺得部隊是很恐怖的地方。

部隊是恐怖的地方嗎？我可以理解外界的憂慮，但對於身處其中的我們這些阿兵哥來說，眞正要解決的問題其實是別的。我後來對於自己服完那兩年阿兵哥生涯覺得自豪，那是因爲我知道自己完成了一件事；但當初當兵在過日子的時候卻覺得度日如年，巴不得趕快退伍。

拍攝工作完成之後，營輔導長要我與他一起到位於台北北投的政戰學校，協助他做後製。能賺到休假，我當然喜出望外。

在約定的那天早上，我身穿便服出現在政戰學校的校園裡，這所學校是大多數的輔導長的母校。我來到了剪接室所在的那棟大樓。

負責剪接機器的長官走上前來，問我來這裡做什麼。我回答，營輔導長叫我來這裡幫忙剪接。

「你以前用過這種剪接機器嗎？」他問我。

「報告長官，用過。」

「你會做聲音剪接嗎？」

「報告長官，會。」我答道。

但那位長官一直用很奇異的眼光看著我。

這時候，我的營輔導長出現了。他對那位長官說：「你見過道明了，他在我下面做事。」

「什麼？他是你的兵？」那位長官看起來很困惑不解。

於是，營輔導長向他解釋了一番原委。顯然他們兩個以前在政戰學校唸書時是同學。然後，那位長官一副恍然大悟的樣子說道：「我才覺得奇怪，他怎麼說起話來那麼像阿兵哥。」

□

支援製作錄影帶的任務結束，我又回到了警衛連。這時，我的調動命令下來了：樓旅長的要求終究還是獲得准許，把我轉調到他的三二四旅旅部連。

我的心情又陷入了矛盾。一方面，我聽說旅部連的日子很好過；另一方面，我已經習慣了警衛連的生活，況且隨著新進弟兄加入，我在這裡的地位只會往上升不會往下降，等到倒數六個月的時候，我的日子就會像那些老兵一樣輕鬆愉快。

到了正式轉調旅部連的那一天，天空多雲而陰霾。我離開警衛連的時刻，已經是夜色籠罩。我背著黃埔大背包，裡面是我所有的家當，我走在向著集合場的走廊上，這時候寢室裡沒什麼人，因爲現在正值春節年假期間。我的心情跟天氣一樣糟。

我當然也認爲警衛連的問題不少，但我畢竟對這裡的作息和兄弟都已經熟悉了，而在部隊裡面，能夠熟悉一個地方進而產生安定的感覺，可絕對不是一件小事。帶著複雜的心情，我穿過馬路，走過師部的彈藥庫、車場，三二四旅的旅集合場，來到三二四旅旅部大樓。

樓旅長不在，旅部連的連長也不在。

有位排長帶我到寢室安排床位。這裡的寢室稍小，但每一個士兵所分配到的空間卻比較大，床與床並沒有密密擠成一排，而都可以從床的兩側進出，而不必從床尾爬上床。

頭幾天裡，我完全無事可做。

比平常休假長得多的年假結束，大家陸續收假歸營。旅部連的兄弟們看到了我都嚇一大跳。

旅部連的制度與警衛連簡直有天壤之別。在這裡，新兵還是很尊敬老兵，但因爲這裡的人數實在很少，所以老鳥與菜鳥的界限並不嚴明。這裡，不會有人理睬我是幾「梯」的。於是，我再次成爲了環境裡的陌生人。

□

樓旅長休完春節的假返營以後，要我去見他。原來，他找我去負責西營區的卡拉ＯＫ室。

那時卡拉ＯＫ室還沒有完工，所以，在等待完工的期間，我與旅部連的其他弟兄一起作息出勤。

在這裡，人人各有各的任務，而不像警衛連那裡是一大群人同時做同一件事。我則多半會被派去做清理儲藏室或割草之類的維護工作。我覺得，自己大部分的時間好像都一個人蹲在某個地方，因爲在這裡有比較多屬於自己的時間。一時之間，我不太適應新的作息。

我有點懊悔接受了樓旅長的提議，來到旅部連，但是，事已至此，後悔也來不及了。

樓旅長很努力要對我好，我應該要感激他才對。

卡拉ＯＫ室在營區的後半區，本來是個廢棄的儲藏室，經過整理，成為現在的樣子。入口處，橘色、棕色和白色夾雜，非常俗艷，在營區裡的灰灰綠綠的色調之中，顯得非常不搭調。

一走進卡拉ＯＫ室，會見到一個大型魚缸，裡面養了一隻大紅色的金魚，魚鰭翻飛，看起來總是面帶微笑的樣子。有一個吧台，架子上擺滿了瓶瓶罐罐，裝著好像是酒類的液體。還有一台雷射唱機和幾十張卡拉ＯＫ雷射光碟。房間的另一頭是個小舞台，旁邊有一面大型投影幕和一部電視。此外，這裡還有一套高級的燈光系統、一顆大旋轉燈和幾盞探照燈，據說會隨著音樂節拍轉動。

沒有人想要使用這間卡拉ＯＫ室。這可能是因為這個地方面朝以前的軍械室（現在是儲藏室）和幾間廢棄的老舊營房。謠傳，有個阿兵哥死在其中一間營房裡，他的魂魄會在那附近出沒。那幾處營房沒有人照料，都已經荒廢頹圮，雜草蔓生。

身為士官的我晚上必須擔任安官，在軍械室外面的小桌子前面值勤，帶著警棍，紮緊S腰帶，袖子上別著繡有「安全士官」字樣的黃色臂章，在這裡坐兩個小時。天花板的一個角落裝設了一部小攝影機——我知道，攝影機所拍攝的黑白畫面會傳送到旅部連副官室對面的房間裡。但後來，攝影機不翼而飛。

當士官的好處之一是可以住在士官寢室。士官寢室裡面有窗簾和桌子，比較有家的感覺，有些班長甚至還帶了小電視機來；而且房間裡的味道也比較清新，微微像剛剛打掃過的旅館房間，這跟士兵寢室截然不同——士兵寢室的味道，聞起來簡直就像，呃……就像，就像是寢室。

不同時期，與幾位兄弟的合影。

陸軍
陸軍

衛兵司令室

陸軍

8 與殺有關的幾件事

軍人既然有捍衛國土與保衛百姓的責任，爲此，假如眞的起了戰事，理當拿起武器上戰場。如此一來，動刀動槍，照說不是去殺人就是被殺。但我畢竟是在承平時期入伍的，儘管遇到了民國八十五年的飛彈危機，倒也沒有眞正上戰場。

只沒想到，繼續在部隊裡殺時間等退伍的我，後來還是與「殺」這個動作發生了關係，而且都是荒謬無比的事。

□

第一樁事件叫做「星際大戰殺豬記」。

民國八十六年的初夏，口蹄疫開始在台灣流傳開來，最早發現自己養的豬得了口蹄疫的豬農們顯然試圖隱藏疫情，所以問題迅速蔓延。於是政府採取行動，下令銷毀所有得病的豬隻，並且派遣軍人幫忙農人宰殺家畜。

這時候，電影《星際大戰》的特別版就要在戲院重新上映。我一直是《星際大戰》的頭號影迷，而且聽說以後還會有《星際大戰前傳》。我心想，假如能到戲院用大螢幕看《星際大戰》一定很棒。我的朋友克里斯也是星際大戰的大影迷，而他可沒被困在苗栗郊區山上的軍營裡。

於是，我去見連長，請他特別放我假。

這時候，連上正在準備裝備檢查，要放假很不容易，而我在接下來的一個月裡其實都沒有假。我當然沒跟連長提電影的事情，而且他顯然也不可能了解我到底有多迷星際大戰，我只說我在台北有急事。

「是家裡的事嗎？我還以爲你家在新竹。」他語帶懷疑。

「呃，報告連長，是我自己的私事。」我回答。

他皺起眉頭，想了一會兒。最後，終於開口：「好吧，我就特別准你假……」

「謝謝連長。」我才開口，他就揚了揚手：「不過，你得先完成一項特別勤務。」

「請問連長……？」

「口蹄疫的事，你要去幫忙殺豬，掩埋屍體。」

□

早晨的天空，陽光晴朗，一片蔚藍，被派去殺豬的士兵在西營區的三營前面集合，每個人都拿到一套舊式的草綠服，免得我們的迷彩服受到感染。我們走到東營區會合。行政樓前的走廊上，幾輛大卡車旁邊，擺著一大桶的綠豆湯。

「每個人至少喝一碗，可以增加抵抗力。」帶隊官這麼跟我們說。我相信喝綠豆湯確實對我們有好處，但是說喝了它可以增加抵抗力，實在沒什麼說服力。

喝完涼涼的甜湯，我們就坐上大卡車出發了。我們一群士兵坐在大卡車後面，沒有人想說話。

我看了看錶，望著身旁經過的山巒丘陵，想像著殺豬到底會有多恐怖。

抵達養豬場的時候，已經日上三竿。

養豬場只不過是幾間零零落落的簡陋小屋。氣味比我想像的還要臭，我一點兒也不想下車。不過，留在卡車上也好不到哪裡去。

帶隊官發給我們用過就可拋棄的連身工作服。我們從頭到腳都包得緊緊的，帽子、面具裝備完整，就連大頭皮鞋也套在用淡藍色紙做成的工作服裡。

養豬場裡有幾百頭豬，全都待在豬圈裡，一副病懨懨的垂死模樣。我們雖然戴上了面具，還是抵擋不了那可怕的惡臭。乾淨健康的豬隻已經不好聞了，病得快死的豬在豬圈裡或站或臥，嘴巴和腳蹄都在淌血，味道更是臭不可當。

豬隻嚎叫的聲音很刺耳，使得我們聽不到彼此講話。但我們馬上就想出了辦法：一組人負責把豬群趕到出口，另一組人負責對豬施打毒針或是用高壓電擊。

沒多久，在阿兵哥身後堆起的豬隻屍體就已經有兩層樓高。豬圈的後面是懸崖，大約也有兩層樓高。豬隻被打了針或經過電擊後，就被踢開，之後再搬到離懸崖五十公尺左右的掩埋坑去掩埋。

我們隔一陣子會交換任務，不過所有任務都很可怕。把豬隻趕到「刑場」可能是最好的工作，可是已經被老兵佔走了。

我站在懸崖下方，把被其他兄弟從崖上拋下來的豬隻拖到坑裡。毒劑需要一段時間才會生效，而電擊的效果也不大。豬隻就算被打針被電擊，甚至從高處摔下來，還是死不了。牠們還是會站起身來，搖搖晃晃，因爲藥效發作而全身抽搐。

我們驅趕著豬隻，希望牠們撐下去，免得到時候還要我們去搬這些又大又重的傢伙。有的豬眞的很大，人根本扛不動，幸好這些大豬雖然笨重，卻也是最有力的，就算摔到懸崖下，還是不會死，反倒是阿兵哥一直踢豬，踢得腿都受傷了。

豬隻一隻一隻從懸崖上面拋下來。

中午休息的時候，我問帶隊官可不可以換工作。於是，他帶我走到另一個豬圈，可是那裡的景象比早上我待的地方更怵目驚心：那個豬圈裡都是小豬仔。可愛的小豬仔全都得了病。阿兵哥們先爲小豬仔打針，再十幾隻十幾隻分運到坑裡掩埋。豬圈一片泥濘，小豬仔到處亂跑，幾個兵在那兒一邊抱怨一邊忙著抓豬、殺豬。被殺的豬仔先堆在地上，等累積到一定的數量，再一併運到坑裡。

「要的話，你可以做這個，其實也只剩這個工作了。」

「謝謝長官，」我嘀咕著，一邊看著豬仔在我腳邊，喘息低號，奄奄一息。

看大豬死掉已經夠悽慘了。

於是我說：「我想，我還是回到原來那邊好了。」

□

等我們把豬全部殺完，再統統送進坑裡，太陽已經下山了。

我們在死豬身上灑上某種藥粉，接著把工作服脫掉，也丟進坑裡，最後才把坑給埋上。可是，那股臭味揮之不去，那味道已經滲進衣服和頭髮裡了，我們全身上下都是那股味道。

我坐在樹下歇了一會兒，此時四下已是一片寂靜。

不久，帶隊官下令所有人坐上大卡車。

臨走前，豬農帶著悵然的神色向我們道謝，感謝我們幫他把養豬場清空了。

回到大坪頂，又是一大桶綠豆湯在那裡等著。

之後，我們洗了個熱水澡。

洗了很久。

那個晚上，我們都試著忘掉今天發生的一切。

□

一如先前與連長講好的交換情況，我得到了休假。

見到克里斯的時候，我告訴他我做了什麼事才換到休假。

他只說：「眞的？你沒開玩笑？」

能看到《星際大戰》眞的很棒，不過跟這幾年的其他電影比較起來，《星際大戰》還是稍嫌冗長了點。我試著融入劇情當中，而且也漸漸辦到了——一直到看到路卡和歐比王焚燒賈娃人（Jawa）的死屍那一幕，我突然跳了起來。

我覺得自己似乎聞到了燒死人的味道，那就跟垂死豬隻的氣味一模一樣。

□

另外兩件事，都發生在我被調去機動班那段時間。

(有一天，連長把我叫進他的辦公室，告訴我說我要被調去機動班。又是一次不明原因的調動安排。)

在機動班裡做的事，跟我在警衛連學到的事情不一樣。大部分的阿兵哥會覺得這是份苦差事。機動班需要在大門和安官桌輪班站哨，還要接受各種訓練，以應付各種突發狀況。

被調來這裡，我必須接受連長說的，「這樣一來，你可能就不能去受士官訓了。」我自己本來就覺得不太可能。此外，我必須重新適應天天站哨的作息。

在大門當警衛，不能掉以輕心。雖然有時候有人很隨便，尤其那些老兵覺得規矩不適用於他們身上，他們可以想來就來，想走就走。

有一天晚上，我在站哨的時候，有個老士官騎著摩托車向大門過來。

按照標準程序，我們衛兵必須攔住來車，直到他們得到哨長的許可才能放行。根據規定，如果有人想要違規闖入營區，衛兵可以對空鳴槍示警，要是對方還不停下來，就可以朝對方的非致命部位開槍，例如手臂和大腿。要是這樣對方還是不停，衛兵就可以將他們擊斃。

對百分九十九的車輛來說，進出都沒有什麼問題，就算是很高階的軍官也都會停下來，讓我們檢查他們的車子，再行進出。

可是，我說到的那位資深士官，是出了名的好吃懶做又兼混帳，而且倚老賣老，根本不甩別人的命令。那天晚上，他騎著摩托車朝大門騎過來，我擋在他前面。這時候，跟我一起站哨的是楊家明，他是我進到機動班以來所結識的比較好的朋友之一，他也走上前來。可是那傢伙還是不停車，他只是稍微放慢速度，但還是一路騎過來。

我的步槍跟平常一樣是上了刺刀的，槍口微微朝向地面，那個士官理都不理睬家明，朝我衝過來。

我一動也不動。

於是，我的刺刀就這麼直直插進摩托車的塑膠擋風板，在擋風板上面戳了一個洞。

那個傢伙加速，想把我撞倒。

我的刺刀掃過他的腿，沒把他褲子戳破，而是在摩托車後半部戳了一個大洞。

那個士官差一點就摔倒了，不過還是穩住身子，他騎車直衝到寢室那邊，這時排長就坐在安官桌旁邊。

我心想，這下我麻煩大了。但家明一直說我沒有做錯任何事。

「你的衛兵他媽的想殺我！」我聽見那個班長在吼。

寢室裡的弟兄全看見了。

「你爲什麼不停車？」排長問他。

「他拿刺刀掃我的腿！」

「你的腿看起來沒事啊。」

「可是他把我的車搞得稀巴爛！」

「所以，你剛才就應該停車嘛。」排長說道，似乎有點火了。

「我爲什麼要停車？」

「他媽的，因爲那是規定，規定，你聽不懂啊？白痴！」排長吼那個班長，他現在可是大發雷霆了。

「你他媽的，現在趕快從我面前消失，要不然我就把你這爛人送去關禁閉。」

旁邊的人都都聽見了。

我心頭一陣溫暖，覺得自己剛才做的事情得到了別人的贊同。我心想：蠢蛋，這是給你個教訓，我其實可以開槍把你打死，你知不知道？

但這整件事情還是讓我不舒服，因爲我畢竟差一點就把一個人的腿給撕開了。

□

機動班不是一天到晚在站哨，常常還得跟著三營營長接受訓練，只不過內容比我先前待的警衛連一分鐘待命班更辛苦。而且三營營長會故意苦操我們。

有一次，他刻意等到連下幾天雨的雨停了之後，突擊檢查我們的鞋扣。我們完成任務的時間比別人短，常常就在大夥兒手忙腳亂趕著在限時之內跑到指定地點（大門、彈藥庫或什麼地方）的時候，就會突然發生狀況。

有一次，我們兩三個人要跑向另一個地方的時候，跑到了前門，跑過了蔣介石銅像後面的大標誌。這時，我覺得我身後有東西撞了上來，於是就跌倒了；等我站起身來，我感覺脖子上有血汩汩留了出來。

我跑到診療室，醫生在我後腦上找到一個一公分深的傷口，用線縫了起來。傷口的位置正好在我鋼盔下緣，想必是我後面那位弟兄失足絆倒，不小心拿刺刀戳了我一下。

接下來幾個星期，我頭上都得纏著繃帶，所以也就沒辦法戴帽子或鋼盔。醫生幫我拆線之後，向我保證，傷疤「很小很小，用眼睛是看不出來的」。過了幾個星期，我放假出去，一如平常，到苗栗搭火車上台北找朋友克里斯。到了克里斯家，進了門，我轉過身來關上紗門——克里斯突然喊出來：「天老爺啊！你頭那邊是怎麼了？看起來好像被刺刀給捅了。」

我算幸運的了。在我發生這件事情之後幾個月，聽說有位弟兄在把刺刀插上步槍，從槍架裡把槍拿出來的時候，正好另一位弟兄彎下腰去取槍，撞上了他，結果刺刀當場刺進他眼睛，那隻眼睛從此失明。

□

我在機動班前後待了好幾個月。有一天，我被叫到東營區參加一場典禮，由楊師長親自主持的頒獎典禮。我領到了一張獎狀。

那張獎狀用廉價的金色邊框框起來，獎狀上面寫著感謝辭，謝謝受獎人「熱心投入地區防疫工作，認眞負責紓解百姓困苦深獲社會肯定」。獎狀上蓋了陸軍總司令湯曜明將軍的印章。所有在幾個月前參與了殺豬任務的兄弟都獲頒了這樣一紙獎狀。

領到這張獎狀之後沒多久，我就又被調回了旅部連。

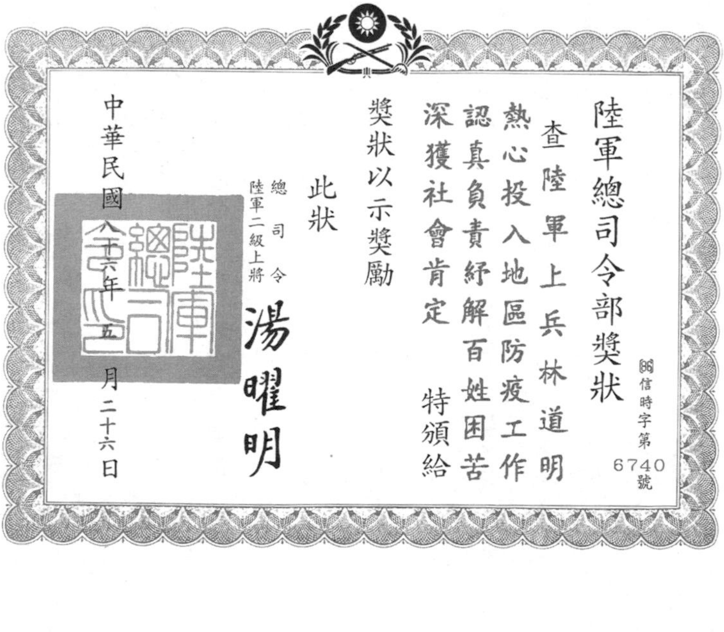
(86)信時字第6740號

陸軍總司令部獎狀

查陸軍上兵林道明
熱心投入地區防疫工作
認真負責紓解百姓困苦
深獲社會肯定　特頒給
獎狀以示獎勵

此狀

總司令
陸軍二級上將　湯曜明

中華民國八十六年五月二十六日

八十六年六月三十日

我躺在床上，用隨身聽裡的收音機聽香港移交典禮的轉播。查爾斯王子的致詞蠻感人的，他說到最後一次在香港降下英國國旗，皇家官員步上大不列顛號遊艇，遊艇緩緩駛離。

感覺上，在香港移交給中國之後，一切都不一樣了。現在，就剩台灣了。台灣人都在觀望，要看看香港這塊前英國殖民地接下來會如何發展，也在看中國接收香港的辦法適不適用於台灣。

在旅部連這裡的氣氛也變了。一個新的年度開始，代表著新的長官、新的規定和新的作息。當兵當了一年多下來，我已經有個根深蒂固的想法，那就是，部隊裡要是有什麼變動，只會越變越糟。

但這回倒是有件好事，那就是我們換新置物櫃了。新的櫃子比以前大，可以掛制服，而且還有鑰匙，可以上鎖。我好不容易才弄到我床位旁邊的置物櫃，這樣我就不用下床也能拿東西放東西了。

我的置物櫃裡塞滿了我從台北買來的書、零食和一張剪報。剪報上這張「拓荒者號」探測船拍回來的火星地表的照片，時時提醒著身在這荒島般的營區裡的自己：外面還有一個更遼闊的世界。

9 吃了芝麻包再退伍

「我上個單位不准吃這個，」十月的一個晚上，我們吃著番茄炒蛋的時候，伙兵阿南這樣跟我說。

番茄炒蛋是台灣常見的菜色。我聽他這麼一說，覺得很好奇，因爲他從來沒向我提過他以前待在哪個單位。

阿南本名廖正南，來到我們連上沒有多久；在此之前，他在軍事監獄裡待了十年。

連長原先警告我們一定要對阿南平等相待；不過阿南完全不擺架子，也不多話，眞要說他有什麼地方特別的話，那就是他講話和做事的速度都慢呑呑的。連長覺得阿南吃的苦也眞夠多了，於是把他派去伙房，這算是比較輕鬆的差事。

我跟阿南聊過天，知道他一些事。他以前是公車司機，跟太太住在台北縣的新莊，但他從來不講他是因爲做了什麼事才落得被關在軍事監獄裡十年。

「爲什麼不准？」我問他。

「因爲我們那裡有傘兵。」

「所以咧？」

「嗯，你想想，要是傘兵跳傘的時候，傘沒有打開，他會怎麼樣？」

突然間，我發現了其中的相似處了，覺得很噁心。

阿南看我不舒服，點了點頭：「你看，知道了嗎？我在那裡不可能做這道菜。」

□

就算阿南在我們這裡能做番茄炒蛋，但我在部隊裡的三餐也從來沒有好吃過。

以我的經驗來說，我在新兵訓練中心時吃得最差，進到大坪頂以後稍有改善，但我被調到了旅部連以後，覺得伙食又差了一點。不只我這樣認爲，那時旅長也常常把伙房的弟兄叫來，在中山堂大聲斥責他們：「這到底什麼玩意兒？」他總是會罵：「是菜？還是肉？我根本分不出來嘛！」

雖然伙房被罵得狗血淋頭，但是伙食還是毫無起色，主要原因是大部分的伙房兵都很老了，過不到幾個月就要退伍了，所以他們覺得自己沒必要做事。

一般來說，伙房兵都自成一個小天地，他們共同決定了連上弟兄可以吃到什麼。我遇過一個姓賴的伙房兵，他明明跟我是同梯的，但他就因爲自己是伙房兵，所以行爲舉止竟然一副老兵的樣子。伙房兵只管煮飯，幾乎叫不動他們再去做別的事。

我一直到了快要退伍的時候，才在軍中吃到了令我印象深刻的食物。

□

我們的早餐通常是一粒白煮蛋、一小撮包心菜和一碗湯麵，可是湯永遠比麵多，而且麵條常常煮太軟。但十月我還在旅部連的時候，伙房竟然偶爾會做芝麻包當早餐。

我以前沒吃過芝麻包，吃過以後，我認爲這是我在部隊裡吃過的最好吃的東西。有些弟兄不怎麼喜歡芝麻包，所以我就連他們的份兒也一塊兒吃了。有時候，我早上一餐就會吃掉五六個芝麻包。

這個秋天時節，入夜之後的天氣開始轉涼。有天晚上，我和阿南在等寢室熄燈的時候，我跟他「大力宣揚」芝麻包有多好吃。

「哎，我現在就想吃幾個。」我說。

「好，那我們就去拿吧。」他看著我說。

「什麼？現在？可以嗎？」

「當然可以，伙房裡我最老，不用擔心啦！」

於是，我們兩個穿上運動夾克，溜到伙房，阿南拿了一個大塑膠袋，再從大冰箱裡拿出凍得硬幫幫的芝麻包，把大塑膠袋裝滿。阿南生爐火燒水，我則拿了幾個包子出來。芝麻包沒幾分鐘就蒸好了。我敢跟各位保證，天寒地凍，在部隊伙房裡偷吃包子，那味道嚐起來更棒。

從此之後，我們食髓知味，再加上天氣越來越冷，所以，我們兩個三不五時就會在寢室熄燈之後，偷溜到伙房吃包子。我們從來沒被抓到。自從那天開始，我可是吃芝麻包吃了個夠。

□

秋去冬來，我的役期只剩下一百多天。

幾年前睡過我現在這個床位的阿兵哥，在上鋪的床板刻下了他個人的苦難經歷，把他從基訓一直到退伍所做過的每一件事都刻下來，最後他寫道：「當兵眞爛！」在這份事件清單旁邊，他還刻下了從一到一百的整整一百個數字，每一個數字上都打了個叉號。他是在數著還有幾天退伍。

我也在數。

我們這裡每一個人都在數。

□

一九九七年十一月十一日，我正式「破百」。我越來越不需要做事：我不必抬飯菜，不必跑待命班，連正規訓練也不必參加，我只要守著卡拉OK吧，偶爾站站安官就好了。

我在筆記本上寫下了一到一百，然後每天劃掉一個數字。

□

將近兩年下來，當兵的薪水微薄，而休假又要花錢，我的存款已經油盡燈枯了。我只好向朋友週轉。

有一次休假，我直奔苗栗火車站，到了車站才發現，我身上的錢連買一張火車票都不夠。我四下搜尋，看見了「軍人服務處」的櫃檯。我心中盤算著，假如向他們借一百塊錢買票回台北，不曉得那些個憲兵會不會找我麻煩。

我硬著頭皮走向「軍人服務處」，向櫃台的憲兵們解釋我的難處，並且說，等我休假回來，我一定會把錢還清。沒想到那幾個憲兵非常和善，看到了我的軍人身分證，知道我快退伍了，對我更是親切。我大大鬆了一口氣。

這時，有個台灣女孩走了過來，用腔調很重的英文對我說：「Excuse me. You have any problem?」（請問，你有什麼問題嗎？）

我跟那幾個憲兵講得正起勁，而且當然是用中文聊，因此，我看著這女孩，想都沒想就回答說：「幹嘛？」

那位小姐的表情顯得很尷尬，笑了一笑，改用中文說：「喔，不好意思，我以爲你是外國人。」然後就匆匆離開了。

我和那幾個憲兵爆出大笑。

休完假，回到苗栗車站，我拿了一百元還給那群憲兵。結果，他們爲我記了一個「優良」。

□

那個農曆年的初一，是民國八十七年一月二十八日，距離我退伍只剩整整四個星期。我放假去了台北，特地帶了芝麻包當早餐到克里斯家，他的家人才剛從美國密蘇里州過來，以前都沒吃過芝麻包，他們嚐了一口，馬上就說好吃。

□

春節假期結束，收假回到營上，又是一連串的裝檢，而天氣是糟得不能再糟了。

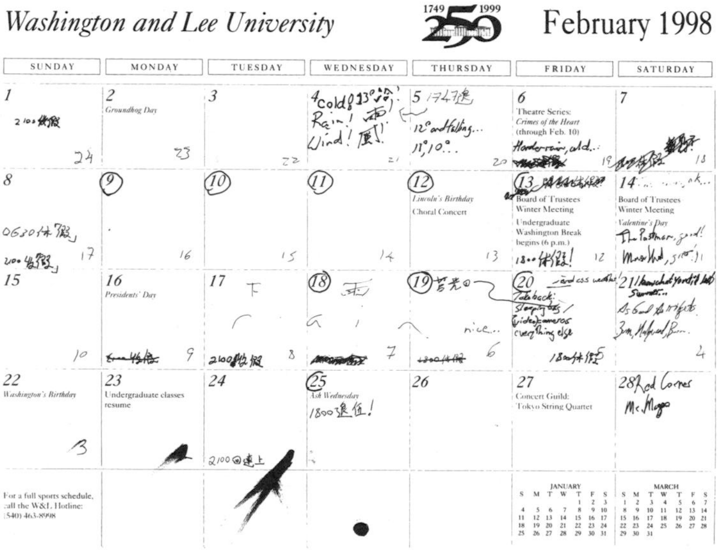

Washington and Lee University 1749 250 1999 February 1998

SUNDAY	MONDAY	TUESDAY	WEDNESDAY	THURSDAY	FRIDAY	SATURDAY
1	2 *Groundhog Day*	3	4	5	6 Theatre Series: *Crimes of the Heart* (through Feb. 10)	7
8	9	10	11	12 *Lincoln's Birthday* Choral Concert	13 Board of Trustees Winter Meeting; Undergraduate Washington Break begins (6 p.m.)	14 Board of Trustees Winter Meeting; *Valentine's Day*
15	16 *Presidents' Day*	17	18	19	20	21
22 *Washington's Birthday*	23 Undergraduate classes resume	24	25 *Ash Wednesday*	26	27 Concert Guild: Tokyo String Quartet	28
For a full sports schedule, call the W&L Hotline: (540) 463-8998						

這是我母校「華李大學」寄來的月曆。我來台灣以後，繼續會收到母校的校友會刊和月曆。

1998年二月，是我服役的最後一個月，我在月曆上標出了退伍的日期。

我有一次收到大學校友會刊寄來的信，要我們填上自己的「現況」，再寄回去。我寫了個便條，連同幾張自己全副軍裝的相片一併寄了回去。

收到新一期會刊的時候，我發現，與那些在做進出口生意或是在法國、墨西哥之類的地方唸書的其他校友比起來，我的情況確實很奇怪。

長官們要我們全副武裝，跑五百障礙，跑三千公尺，進行體能測驗和手榴彈投擲（我還是丟得很爛，雖然我現在方向抓得準，但就是丟不遠），還有射擊練習。

因爲要裝檢的關係，就算外面很冷，我們還是得把寢室的窗戶打開，反正老樣子，都是做表面工夫。要是在警衛連，老兵講一句話就夠了；但，這裡是旅部連，老兵沒那麼大。

我跟一個姓劉的弟兄抗議開窗戶這件事，甚至跟他吵了一架，因爲最近這件事是他負責的。

吵了很久我忽然發現，現在的自己竟然跟我以前當菜鳥的時候所討厭的老兵一樣難搞——於是，我就不再多說了。

反正，我很快就要走了。

待退弟兄通常都會得到「服役表現優良」獎，拿到的獎狀，就跟我當時去殺豬領到的差不多，只不過獎狀上還多了楊將軍的印鑑。

時間過得眞慢。

□

楊師長在東營區的師部召見一七四七梯和一七四八梯的弟兄。師長說，他想知道我們在部隊過得如何，以及有沒有什麼需要改進的地方。他希望聽聽我們內心眞正的想法。於是，他要我們每一個弟兄都起來說說自己的意見。

我敢說，這些都是表面工夫，而阿兵哥提出來的建議不外是希望伙食好一點，對新兵尊重一點，放映好看一點的電影或者多放一些休假之類的事情。基本上，這些都是老兵平常會抱怨的事。不過，來這裡做報告總比站在外面吹冷風好多了。

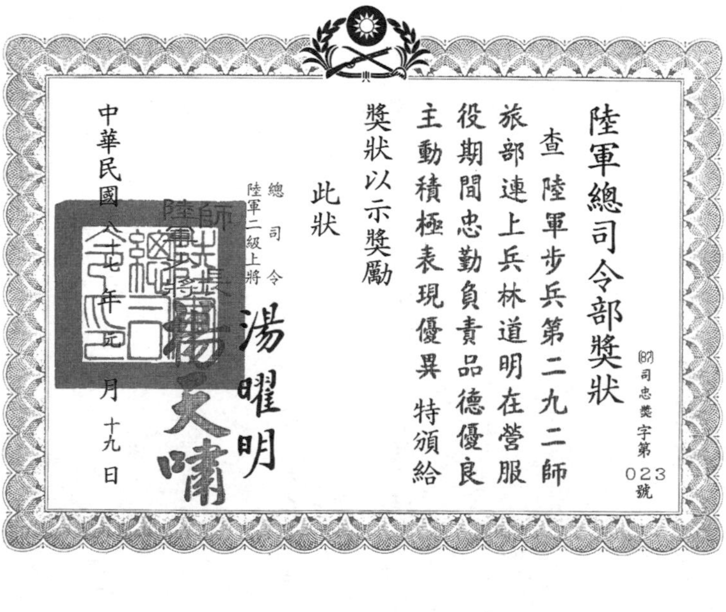

(87)司忠獎字第023號

陸軍總司令部獎狀

查 陸軍步兵第二九二師旅部連上兵林道明在營服役期間忠勤負責品德優良主動積極表現優異 特頒給獎狀以示獎勵

此狀

總司令 陸軍二級上將 湯曜明

師長 楊天嘯

中華民國八十七年元月十九日

我想，我們在場的人都覺得，現在說什麼話應該都不會被處分了。所以，輪到我的時候，我就覺得自己可以有話直說。

「我想，營上幾乎不可能有機會再有像我這種特殊身分的人。」我對著楊師長說。我繼續說：「不過，我覺得，要是下一個像我一樣的人來，你應該直接跟他說，他不可能升士官，這樣，他接下來就不會在那裡胡思亂想了。」

話說出來，我自己都覺得有點太情緒化。我一直以爲自己早就不在意這件事了，我努力說服自己，我不能升士官的原因有很多，可是現在我不得不承認，能不能升士官對我來說很重要。我及時克制住自己，不再多說。

這之後，是一陣難堪的沉默。

可是，師長只端著他那一臉標準笑容，點了點頭，過了一會兒，他才開口，好像剛才什麼事都沒有發生過：「好的。」

然後他說：「下一個！」

不弄權、不徇私，便是好官；不說謊、不造假，便是正人；不違法、不犯上，便是良民。

生活罰記：這是我最後一次寫在這本書面，下星期就退伍了，再當老百姓了。再看自己過日子。從我個人或者看不出來，但是我還認為我當兵生活之間有學到不少東西。因為我有在此服兵役，可以光明正大得說我：就是一位正正當當的中國人，並且以說自己也是個男子漢。以後在外面的生活中不管發又有什麼事，只少我有做到這個好事，把它做好做完成。

現在要開始從前看，向我的未來打算。要走什麼方向，要如何到我想去的地方，等等問題都在外面等我出來，但是我相信也有好多機會在等。而因為我把兵當好了我對自己有信心。

主官（管）查閱意見

□

好不容易，那一天終於到了，民國八十七年二月二十五日。

這是我在部隊裡的最後一天。

過去兩年來，我朝思暮想的就是這一天，可是這一天來得靜悄悄的。

那天早上，全師的人都集合在東營區的營集合場上，楊師長對大家宣布，他要轉調到金門去當師長。我聽到這消息差點笑出來，不過，我看師長自己已經夠開心了。但話說回來，他看起來總是很開心的樣子。他假如心情不好，我們通常是從他屬下那裡聽來的，很少從他臉上得知。

早餐的時候，我看著自己的餐盤，用近乎敬畏的心情看著飯菜，以及那顆饅頭。這是我的第七百三十顆饅頭，是我那座饅頭山上最高的一顆，也是我在部隊吃到的最後一顆饅頭。

長官們的大吼大叫，絲毫無法干擾我離營前的感傷。

□

吃完早餐，我坐在綠白相間的床位上，這裡已經變成我的家了。

我坐在那裡，最後一次沉浸在寢室的氣氛裡：金屬置物櫃開開關關，夾克的窸窣聲；弟兄們用鞋刷和鞋油擦鞋的聲音，銅環扣碰撞的聲音，銅油的味道，用餐之前我們手裡不鏽鋼碗筷碰撞的聲音；弟兄們坐在床位上聊天，在康樂室裡看電視，玩桌上足球遊戲，或是打電話給女朋友；弟兄們談下個星期裝檢的事情，或是什麼時候可不可以放假，還有休假的時候要做什麼……

我再也不用想這些事情，再煩心這些事情了。

但是，在這之中，除了那些吼叫辱罵，我卻隱約感受到一種快樂的氣氛，而我以後一定會想念這種感覺。

我一定會想念自己跟其他人一樣是個阿兵哥的日子。

我一定會很懷念別人叫我「學長」的感覺。

除了制服、鋼盔、S腰帶和彈匣之外，其他的東西，我差不多都交出去了。

連長走進寢室檢查置物櫃，但我不用擔心了。

□

午餐，是我在部隊裡的最後一餐；飯後，我把餐盤和碗筷也還了。

我看學弟裡面誰的腳和我的腳差不多大，就把我那雙檢查用的皮鞋送給他，然後把那雙工作皮鞋給扔了。

陽光開始透出雲層，天氣稍微暖和了一點。晚一點，一七九〇梯的新兵就要到連上來，不過，我想，我應該看不到他們了。

我與連長聊了一會兒，說到了我接下來的打算。我說，我還不知道自己要做什麼。

我對他坦承，我有點害怕。

然後，我繳回我的鋼盔、S腰帶和彈匣。

下午四點鐘，所有人都在衛勤室裡，也就是軍械室裡，忙著擦槍，就像好久好久以前，我在新竹的新訓中心一樣。

我眞不敢相信今天就是最後一天了。我就要離開了。

而且，不用再回來。

□

下午六點鐘，陽光出來了，天氣晴和，感覺好像老天爺虐待了我這麼久，現在終於心滿意足了。

有人通知我，要我在離營之前去見二營營長。

我向大家道別，把剩下的東西收進背包，回想起入伍那天收拾背包的情景。臨走時的我，身上的家當跟初入伍時差不多，不過我覺得自己還帶走了兩年難忘的回憶，以及大家把我當同袍看待的感覺。

我走到二營，營長有事不在。傳令說，營長留了兩包東西給我，一包是旅長給的，一包是楊師長給的。

我打開第一包東西，裡面是一封祝賀信和一千五百元。我心想，旅長眞好。

我接著拆第二包東西，那是個小盒子。

我一打開，忍不住大笑，把傳令兵嚇了一跳。

小盒子裡面，裝的是假如我升上了士官就會用到的文件、肩章、徽章和臂章。

一九九八年三月十五日

親愛的爸媽：

好一陣子以來，我一直沒有告訴你們我的近況。這是有原因的。你們說想知道我怎麼了，並且說你們會懂。那麼，我就說了。

我現在是台灣的公民了。爲了成爲台灣公民，我幾年前已經在香港放棄了我的美國身分。你們記不記得兩年前的春天，中國對台灣進行飛彈試射的事？嗯，那個時候的我，人在軍隊裡。台灣人有服兵役的義務；而我已經在ＲＯＣ軍隊裡服完我的兩年義務役，今年二月剛剛光榮退伍。但我現在還是有後備軍人的身分。我不認爲你們會理解。我也只能說這麼多。

現在，我又回到了ＴＶＢＳ電視台當攝影師。日子過得還算順利。

ＴＣ

尾聲

二〇〇二年，十二月。

我退伍將近五年了。這五年裡，事情起了很大的變化。現在很多年輕人可以選擇服替代役，用從事社會服務性質的工作或者指揮交通之類的事來代替服正規兵役。

民進黨的候選人陳水扁，因爲國民黨連戰與親民黨宋楚瑜之間的分裂而漁翁得利，當選總統。陳水扁政府引進了過去執政者所不曾採行的很多行政措施。這些新的措施讓人耳目一新，但也在政府管理的諸多層面上造成混亂。現在可以看到很多阿兵哥穿著軍服離營休假，這在我當兵那時候都還是嚴令禁止的，因爲擔心阿兵哥穿著制服上街太過醒目，會成爲反對勢力攻擊的目標——這種事現在大概不太可能會發生了，因爲彼時的反對黨已是今日的執政黨。

然而，中國大陸的武力威脅仍然存在，只是新政府裡很多人低估了中國的威脅程度，有人甚至以爲，無論兩岸之間發生任何事，美國都會保護台灣。

假如還能看到什麼軍力的展示，只是在電視新聞報導軍人協助民眾在天災肆虐之後清理環境。

另外一個吵得沸沸揚揚的問題是：有幾個本籍爲西方國家的人，希望不必放棄原來國籍就能獲准入籍爲台灣人；但依照台灣現行法律規定，外國人必須先放棄原始國籍才能入籍爲台灣人。

這些沒有放棄原國籍的西方人覺得，若要先放棄本籍才能入籍台灣，這樣做的風險太高，他們希望保留本籍，以備萬一政治局勢丕變，他們可以有轉圜餘地。

這些人看來似乎不知道一件事——或者是知道了但不關心——每年有幾千個原籍東南亞國家的人放棄了原本國籍，成爲台灣公民。假如這些西方人士既能成爲台灣公民又能保有原來國籍，他們也就有辦法經由關說而獲准不必服兵役（假如他們提出來關說的理由是他們不熟悉台灣的語言或文化，那可眞是有夠諷刺的），或是用別的什麼替代形式服兵役。

但不管情形如何，我都願意像我曾經做的那樣，配上武器，大家對我一視同仁；我說什麼也不要跟著一群外國人一起被派去清掃大街，說什麼也不要只因爲我生了一張西方人的臉孔或擁有外籍護照就什麼都不必做。

過去五年裡，我先是回頭當起了攝影師，然後進了一家報社，然後到廣告公司工作，然後爲公家機關工作；我到紐約市的一所電影學院進修；我前往澳洲，走遍各個角落；我不時寫一點和旅行有關的文章。

自退伍以來，我做了各式各樣有意思的事，但沒有一件事能比當兵有趣；任何事都比不上。而且這些年下來，我漸漸把當過兵這件事看成一樁榮耀。

我美國的家人恐怕永遠不能理解這整件事，也許還會像他們不諒解我做的許多事一樣，永遠不會原諒我跑去當兵。

但是我在當兵這件事上學到了很多。

剛退伍那段時間，我還是得重新適應被當成外國人看待的狀況，彷彿自己才剛剛下飛機踏上這塊土地似的。不過，我不再像以前那麼介意了。我已經懂得如何面對那些搞不清楚狀況的人。

我比從前更珍惜自己擁有的自由。起碼，現在我想吃什麼就可以吃什麼，不是非吃饅頭不可。天氣冷了，我可以多加幾件衣服，或者待在家裡不出門；萬一著涼了，我可以好好靜養。不小心被人踩到腳，總好過被刺刀掃到頭。而且，我再也不會遇到像病死豬那麼臭的東西。

我也更清楚自己的極限。朋友都說，我變了很多，說我比以前更能夠適應環境，但我自己感覺不出來。

退伍以後，一切都跟以前一樣，卻也完全不同。我覺得自己從前像是把望遠鏡拿反了，鏡頭那端的東西看起來都很遠很小。現在，我終於把望遠鏡拿正了，可以仔細看清楚自己的生活，也看清楚台灣社會——就連街道看起來都變大了，變親切了，我自己也更屬於我所生活的環境了。

總而言之，我現在可是很能打進台灣男生的談話裡。跟台灣的男性朋友聚會的時候，我開始說些像是「你那樣就覺得慘啦？」之類的話。我現在也跟他們一樣，是「過來人」了。

別誤會，我可不想重來一次。我眞的學到了很多，而且，我一點兒也不後悔。我現在只有一種國籍的護照，那是中華民國的護照——就旅行來說，這一個護照已經夠管用了。

人，到了某些時刻總是要選擇方向，朝目標前去，並且必須爲了到達那個目標而有所犧牲。

我選擇台灣。

國家圖書館出版品預行編目資料

臺灣饅頭美國兵／林道明（T.C. Locke）著.
-- 初版.-- 臺北市：大塊文化, 2003 [民 92]
面；公分. -- (mark；39)
ISBN 986-7975-86-3 (平裝)

1.兵役-通俗作品

591.65 92004260

105 台北市南京東路四段25號11樓

廣　告　回　信
台灣北區郵政管理局登記證
北台字第10227號

大塊文化出版股份有限公司　收

地址：□□□ ＿＿＿＿＿市／縣＿＿＿＿＿鄉／鎮／市／區
＿＿＿＿＿路／街＿＿＿段＿＿＿巷＿＿＿弄＿＿＿號＿＿＿樓
姓名：

請沿虛線撕下後對折裝訂寄回，謝謝！

編號：MA 039　書名：臺灣饅頭美國兵

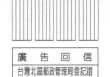

大塊文化 LOCUS 讀者回函卡

謝謝您購買這本書，爲了加強對您的服務，請您詳細填寫本卡各欄，寄回大塊出版 (免附回郵) 即可不定期收到本公司最新的出版資訊。

姓名：________________________ **身分證字號**：________________________

住址：____

聯絡電話：(O)________________________ (H)________________________

出生日期：______年______月______日　E-mail: ________________________

學歷：1.□高中及高中以下　2.□專科與大學　3.□研究所以上

職業：1.□學生　2.□資訊業　3.□工　4.□商　5.□服務業　6.□軍警公教　7.□自由業及專業　8.□其他________

從何處得知本書：1.□逛書店　2.□報紙廣告　3.□雜誌廣告　4.□新聞報導　5.□親友介紹　6.□公車廣告　7.□廣播節目 8.□書訊　9.□廣告信函　10.□其他____________

您購買過我們那些系列的書：

1.□ Touch 系列　2.□ Mark 系列　3.□ Smile 系列　4.□ Catch 系列
5.□ tomorrow 系列　6.□幾米系列　7.□ from 系列　8.□ to 系列

閱讀嗜好：

1.□財經　2.□企管　3.□心理　4.□勵志　5.□社會人文　6.□自然科學
7.□傳記　8.□音樂藝術　9.□文學　10.□保健　11.□漫畫　12.□其他_____

對我們的建議：____

____

____

LOCUS

LOCUS